U0391200

TEACH YOURSELF
BOOST YOUR BABY'S DEVELOPMENT

自助育儿宝典

★★★ 婴儿期 ★★★

[英] 凯若琳 · 迪肯（Caroline Deacon） 著

任秋兰 译

北京师范大学出版集团
BEIJING NORMAL UNIVERSITY PUBLISHING GROUP
北京师范大学出版社

图书在版编目(CIP)数据

婴儿期/（英）迪肯著；任秋兰译.—北京：北京师范大学出版社，2014.1
（自助育儿宝典）
ISBN 978-7-303-16735-7

Ⅰ.①婴… Ⅱ.①迪… ②任… Ⅲ.①婴幼儿－哺育 Ⅳ.① TS976.31

中国版本图书馆 CIP 数据核字（2013）第 168648 号

营 销 中 心 电 话 010-58805072 58807651
京师心悦读新浪微博 http://weibo.com/bjsfpub

YINGERQI
出版发行：北京师范大学出版社 www.bnup.com
北京新街口外大街 19 号
邮政编码：100875
印　刷：北京京师印务有限公司
经　销：全国新华书店
开　本：148 mm × 210 mm
印　张：9.5
字　数：175 千字
版　次：2014 年 1 月第 1 版
印　次：2014 年 1 月第 1 次印刷
定　价：30.00 元

策划编辑：谢雯萍　责任编辑：尹莉莉
美术编辑：袁　麟　装帧设计：红杉林文化
责任校对：李　菡　责任印制：陈　涛

献给我的孩子

——埃拉斯代尔、克里斯和乔茜

致谢

尽管早在有孩子之前我就已经获得了心理学学位，但当我成为母亲时已经忘记了以前学到的所有的知识，实际上，我一直在实践中摸索如何育儿。当每一个看起来不可逾越的问题出现时，能找到的建议相互矛盾，且数量惊人。当我们跌跌撞撞尝试一个又一个解决方法时，我们的孩子则持续不断地给我们带来具有适当挑战性的事态。

我认为自己是幸运的，因为直到现在我的孩子们都没有因为我持续的育儿实验而受到干扰、伤害或出现过失行为，尽管他们有时会提出相左的意见。

为了撰写本书，我又温习了在大学期间学过的知识，我很高兴地发现，我已经下意识地将以前学过的知识渗透到本书中，为此我需要感谢爱丁堡大学心理学系。当然，另一方面并不是说他们要为本书中出现的任何错误负责——所有的错误都是我一个人造成的。

我还需要感谢我的母亲，珍妮特·金，她在家里摆满了罗纳多·大卫·莱恩、卡尔·荣格和其他人的书，这些书最初让我对心理学产生了兴趣。我想我的父亲，约翰·惠顿，会因为我没有成为工程师或物理学家这样的“正儿八经”的科学家感到失望，我希望本书在某种程度上能够弥补这一点。

最重要的是，我还需要感谢我的丈夫马克和我的三个孩子埃拉斯代尔、克里斯和乔茜在我闭门写作本书期间表现出来的极大耐心。

凯若琳·迪肯

目录

自序

欢迎阅读《自助育儿宝典——婴儿期》!

祝贺你！你已经成为或即将成为一名父亲或母亲。也许你感到兴奋，同时还感到特别紧张——有一个新生命要完全依靠你生存下去。他怎样成长和发育，他要成为一个什么样的人，这一切也许都取决于你。这也许是你为什么购买本书的原因。你想知道你的投入真的很重要吗？你的宝宝长大后是不是因为你成为了一名会计、摇滚明星、著名的艺术家或是一个臭名昭著的强盗？或者尽管你付出了努力，宝宝长大后并没有成为你希望的那种人？

或许你还没有开始考虑这些问题，你只想知道宝宝在1周岁前怎样才能不输在起跑线上。宝宝将需要什么，你应该怎样回应他，是不是可以放任他啼哭？还是在他每次啼哭时把他抱起来，教会他寻求别人的注意？

在另一方面，也许你和我刚有第一个孩子时的感觉一样：哪里有好的育儿手册？我应该怎么做？他啼哭到底是什么意思？当他微笑时，是不是呼吸的原因造成的，或者他真的知道我是谁吗？如果宝宝还很小，我就重返工作岗位，应该没有什么问题吧？宝宝很小时我是否必须陪他玩耍，给他读书，或者能不能仅仅让他通过看电视得到快乐？毕竟，他不会记住这些东西的，不是吗？

但愿本书可以回答所有的这些问题，除此之外本书还能提供其他知识。我希望它能够帮你树立养育好新生命的信心，本书将告诉你，你想做的就是正确的，它还会解释为什么。

1 一分钟热身阅读

如果你最近刚刚为人父母，正打算竭尽所能地促进宝宝的发育，现在你需要知道的是你的投入极其重要。例如，宝宝大脑的绝大部分发育是在他出生后的两年中进行的，他的大脑在他对你行为回应的过程中进行发育。宝宝的大脑非常灵活，出生后他能够适应社会，学习他需要讲的任何一种语言，开发生存所需的独特技能。但是他只能从你那里学会这些本领，他所需要做的第一件事就是和你建立亲密关系。

因此建立你和宝宝之间的亲密关系非常重要，它将影响宝宝的一生。这会对你怎样回应宝宝有一定的启示意义。例如，这意味着，在1岁以内，你不用担心给予他很多的关注，或及时对他的啼笑做出反应这样的行为会造成对他的“宠溺”。

等宝宝到了学步期，能够理解延迟满足的概念时，这种育儿方式才行得通。事实上，你应该做的是向你的宝宝保证这个世界很安全，大家都爱他，他的需求能够得到满足。让你高兴的是这也许恰恰是你当前渴望做的。

5

五分钟热身阅读

在宝宝1岁以内你可以做出很多努力来促进他的发育。虽然他的发育会按照特定顺序进行，但是你的投入对宝宝身心健康成长至关重要。

在宝宝出生后的一年里，他会经历几个发育阶段。整整一年的时间里他都在为控制自己的大肌肉群而努力，这样他才能够坐立、爬行、站立并最终学会走路。虽然宝宝会在适当的时间学会这些，但是你可以做出一些努力来帮助他，例如，确保每一天改变他的身体姿势让他趴一会儿、站一会儿或让你抱一会儿。

为了能够理解周围的世界，从过去的经历中学到一些本领，他的情绪需要保持平静，思维需要灵敏，这一点你可以通过做很多事情来帮助他。重要的是一旦他啼哭并努力想满足自己的需求时，你要做出回应。即使你并不能每一次把事情搞定，但你努力理解他，这很重要，能够帮助他日后成为一位情绪稳定的成年人。

培养情绪稳定的另外一种方法：在孩子年幼时，他周围的成年人需要相对固定。这样他就会和一小部分人建立起亲密关系，而不是必须和许多不同的人打交道。婴儿需要和他信任的人发展一种特殊的非语言交际，一旦这种交际形成后，他就会感到和这些人难舍难分，同时害怕陌生人。因此“怕生”是一种好的迹象，它表明宝宝已经对你产生了依恋，将来会成长为一位情绪稳定的成年人。

宝宝不仅仅需要他们的母亲，他们还可以与其他家庭成员建立亲密关系，如祖父母、兄弟姐妹、保育员之类的代替父母。因此只要是为数不多的几名保育员照看宝宝，你完全可以把他放在托管中心。宝宝们面对和家庭不一样的结构时也能够适应，只要他们的看管者固定并且爱他们，他们就会适应自己所处的环境。

一旦婴儿和个别成年人建立了亲密联系，他们就开始了学习语言的过程，这是获取知识的基础，也是开发我们传统上所谓的智力的基础。出生后的一年内，婴儿学习语言主要是倾听他们的母语的元音和辅音，理解语言的韵律感和会话中的话轮转换机制。这些知识都是在你充满爱意地和他互动的过程中无意识地传授给他的。知识的获得建立在一遍遍相同的体验基础上——我们称之为一致性。

因此你没必要耗费过多的精力去促进宝宝的成长，只是按照你感觉自然的节奏去做就行了。

10 十分钟热身阅读

宝宝1岁之前的生活是一次巨大的挑战。你和宝宝彼此都很陌生，但是12个月之后，你们彼此会变得非常熟悉，对你来说世界上没有任何一个人比他更重要。你们之间将要建立一种独一无二的关系纽带，这种纽带至关重要，不仅促使你保护他从而确保他生存下来，而且促使你成为宝宝智力、社交能力和情感发展的先导。

在当前社会，智力受到高度重视，父母认为养育孩子的任务就是竭尽所能地给孩子提供富有激励性的环境，以此来促进他们的智力发育。这也许意味着父母需要给宝宝提供大量的玩具和小玩意儿，或者需要付出很多努力在宝宝醒着时和他做游戏来刺激他。

但是，最近心理学上的新发现已经让我们明白，事实上你并不需要通过上述方式来促进宝宝的智力发育。宝宝生来就会学习和发现他们周围的世界，但是他们只会在情绪稳定的情况下才会这么做。所以你首先要做的工作是让宝宝感受到你爱他、需要他，让他知道你一直陪伴在他身边，让他知道周围的世界是一个他的需求能够得到满足的地方。

另外一个近期的发现是，婴儿大脑的绝大部分发育在子宫外进行，在对周围的环境作出响应的过程中发育。人类的进化已经导致我们的婴儿过早出生，他们的大脑还没有发育成熟，还不能从事任何和他们最接近的哺乳类动物所能从事的体力劳动。尽管这会让生存变得更具有挑战性，但这也带来一样好处，就是婴儿出生后能够适应周围的环境。这就是为什么人类既能住在北极圈又能住在赤道，既能住在沙漠又能住在沼泽地带等任何一个地方的原因。宝宝大脑的一个重要组成部分——让他成为真正的人类的那一部分——在他出生后开始发育，并且只有你的投入才会让它发育成熟。

什么是正确的投入？也许你正在思考这个问题。宝宝并不需要智力方面的刺激，他所需的是爱、交流和一致性。通过经历关爱和一致性，通过和别人的交流，尤其是和他们关系密切的人交流，宝宝的大脑就会得到刺激进行发育。

亲密的纽带会给宝宝带来安全感，有安全感的宝宝很放松，从而能够理解周围的世界，理解自己的需求将会得到满足。情绪稳定促使宝宝向独立性发展。如果宝宝经历过不一致性或担忧他们的需求得不到满足，在他们的成长过程中他们就会变得越来越黏人，对大人的依赖性也会越来越强。生怕溺爱孩子从而不对宝宝做出回应的想法是完全错误的。现在你还没有能力宠坏你的宝宝。

宝宝出生后的一年内进行的另外一种重要的发育，是他们正为学习一门语言打基础。宝宝需要学会说话，以此在社会上生存下去，掌握了语言可以促使他们的大脑变得系统化，从而理解周围的事情。即使宝宝在第一年并不会真正地说话，他做的和发生在他身上的一切事情都属于为掌握语言打基础的部分，当然你的帮助和投入依然至关重要。

因此你该如何来帮助宝宝学习说话？在你和宝宝交流时使用滑稽可笑的语言，伴随着夸张的面部表情和高调门的嗓音，事实上我们生来就会——我们都这样做——我们现在所做的就是用尽可能最好的方式和宝宝交流，促使他们掌握母语。

对于任何一个打算学习一门外语的人来说，外语学习是一个特别困难的过程。至少对于我们成年人来说，我们已经掌握了一门语言可以和外语作比较——我们需要做的就是翻译罢了。对于婴儿来说，他们没有什么可以和他们要学的语言作比较——所有的东西都是新的。尽管如此，他们看起来不费吹灰之力就能学会语言。

事实上是你付出了努力——通过不停地和宝宝说话，使用儿语（心理学家把它叫做“妈妈语”），你正在帮助他创建一个全新的神经通道，把他听到的声音和他正在形成的概念、他正在储存的视觉记忆连接起来。当你和他玩游戏时，就会产生轮流玩耍和目光接触的双向互动，这些都是婴儿学习交流的一些重要因素。

有趣的是，婴儿会对任何一个和他交流的人产生亲密感，这个人并不一定是喂养他的人或照顾他生活起居的人。这个事实表明了交流有多么的重要。

为了让宝宝理解发生在他身边的事情，参与到外界中从而学习知识，他需要保持平静和快乐的心情，因此宝宝出生后几个月的大部分时间你要让他保持平静。你是否每一次都能成功并不重要，重要的是，宝宝知道你在尽力帮助他，他没有被抛弃，当他需要帮助时，你对他的帮助是有效的。你对宝宝理解得越深，你就越容易对他的需求作出回应并帮助他保持平静。

因此这里有一个重要的启示：宝宝出生后的第一年相当重要，只要你花时间了解宝宝，爱他，和他一起玩耍并和他说话，你就会自然而然地做出正确的事情，从而促进他的成长。他正在为他将要学习的语言打基础，也正为他将要学习的知识打基础，他的大脑正在发育，周围环境的影响，尤其是他身边的人的影响使它得到了塑造。要做到上面的任何一点，他需要从心理上感到安全，需要和一两名重要的成年人建立亲密关系。你需要做的就是帮助宝宝保持平静、灵敏和情绪的稳定，爱他并向他表达你的爱，和他说话并和他一起玩游戏。这也许恰恰是你当前想做的！

引言

在本部分你将学到：

- 本书为什么能够为你照顾宝宝提供帮助
- 宝宝的基因是否已经预先编程
- 你能够在多大程度上影响宝宝的发育

在阅读本书的过程中，你会发现，在宝宝出生后的一年内，你能给他提供的最重要的东西就是爱和互动。正如你将看到的，爱能够帮助宝宝成长，缺少爱则会不利于他的成长。当然，互动来自于爱，你和宝宝说话并互动，是因为你爱他，这意味着你渴望和他在一起并渴望理解他。在宝宝出生后的一年内，你能为他所做的最具有刺激性的事情就是和他互动，这样会帮助他形成大脑的神经联结，同时帮助他学会怎样说话，并最终学会如何与周围的世界交流。

感 悟

本书将要向你展示互动的重要性。更重要的是，向你展示该怎样用积极有益的方式和宝宝互动。

通过阅读本书，你将会明白，虽然宝宝生下来已经掌握很多本领，但是他的成长和发育需要完全依赖你的参与进行。你将会发现宝宝拥有一项最重要的天赋，那就是灵活性——他可以适应任何一种语言和任何一个社会。正是这种灵活性使人类成为地球上主宰万物的物种，使人类能够在任何一种环境中生存下去。婴儿擅长学习，能够进行完美的模仿，要经过很多年才能变得成熟，他们依靠这些本领来适应环境。

感 悟

这看起来会让玩具制造商比较失望，但是婴儿需要的唯一资源就是身边有大人陪伴并乐意帮助他们学习。

事实上，发现宝宝如何成长也会告诉你很多下面的知识：人类如何为人处世，为什么我们会有这样那样的行为。这也是心理学家花大量的时间来观察婴儿的原因，至少近几年来他们一直这样做。纵观历史，我们可以看到婴儿一直简单地被当做小大人来看待，没有人考虑过单纯为了婴儿而去研究婴儿。直到20世纪，我们意识到如果希望了解人类，了解婴儿会使我们对这个问题了解得更清楚一些。

例如，如果我们想了解人类是如何解决问题的，为什么不去看看婴儿如何操作形状分类器呢？如果我们希望了解语言的奥妙，也许研究婴儿如何学习说话会有所启示。在过去大约一百年的时间里，心理学家一直致力于研究婴儿的成长，在他们的研究过程中，已经揭示了许多人类的特征。

感悟

通过本书，作为父母的你能够从这个知识体系中受益，你能够了解宝宝在他人生的每一个阶段会做什么，为什么会出现这种行为。

你是否能够影响宝宝的发育？

世界上存在着一些基本的问题令心理学家、哲学家和其他人困惑不已，我们经常称这些问题为“先天和后天”的分歧。

- *是不是婴儿生来就有按特定方式行为的本领？还是从父母或所处的社会中学来的？*
- *人类是否受到进化的力量所产生的本能的控制？或者这种原始的驱动力在当前的世界已经变得无关紧要？*
- *作为成年人，我们是否受到童年时代产生的无意识冲动的支配？还是我们受到同样无意识的、与生俱来的神经或化学冲动的支配？*
- *最重要的是，这对我们抚养孩子有什么影响？*

传统上，心理学家被分为两大阵营：经验论者和先天论者。经验论者认为刚出生的婴儿就像“一张白纸”，对于新生儿来说，他们周围的世界“叽叽喳喳，一片混乱”，所以他们需要从头开始学习。但是另一方面，先天论者认为我们生来就具备很多能力，这意味着婴儿用不着学习很多知识，实际上他们仅仅需要等待事情的发生就行了，因为他们的成长由遗传基因决定。

在某种程度上，你可以说经验论者对人类的行为持有乐观的态度：如果所有的事情都不是注定的，只要在正确的环境中，每一个婴儿日后都有可能成为爱因斯坦。但是先天论者却悲观得多：如果一切都是天生的，也就不存在多少变更的潜能。这个问题至关重要。如果我们发现每一个婴儿的行为都受到基因的控制，那么把公共资金投在弱势儿童身上这种行为也就没有什么意义。

实际上，我们可以像用超市扫码器一样提前读取他们的基因，这样我们可能在孩子出生之前就可以筛选出不中意的孩子。下面这个不那么戏剧化却和你关系更密切，这也意味着你并不用花费太多的精力来帮助宝宝成长，因为所有的事情都会在适当的时机发生，如同一个自动程序一样。

如果婴儿确实根据一组基因指令成长，那么他们早期的绝大部分行为都是本能的（请参阅下边专栏里的定义）。心理学家面临的问题是他们很难弄明白什么是本能的和什么是后天的。婴儿出生时表现的一个动作看起来好像是天生的，但事实上他们在母亲的子宫里已经花了9个月的时间来学习它。例如，刚出生的婴儿能够对妈妈的声音作出回应，和其他女性的声音相比，他更喜欢妈妈的声音，但是这种情况的产生是因为他学会了识别妈妈的声音，和本能毫无关系。

本能行为的定义

本能是一种行为，是进化的结果，同一物种内的所有成员都具备这种行为。这种行为是与生俱来的或在动物的生命中的某一个阶段发展而来（例如，青春期出现的本能性行为）。个体之间的任何差异都源于基因的不同。

即使行为是本能的，它会因为经验而改变。例如，小海鸥刚刚孵出来就开始啄父母的喙来得到食物，这是一个本能行为（小海鸥不可能学到这种行为能够带来食物），但经过一段时间，小海鸥啄的位置越来越准确，因此它们从经验中学会如何做得更好。

微笑也是如此。所有的婴儿在5周大时都会开始微笑，即使他们是盲人也是如此，因此这种行为肯定是本能的（盲人婴儿无法模仿他们的父母）。但是随着婴儿一天天长大，视力正常的婴儿开始出现各种各样的微笑，但是盲人婴儿很少做出反应，他们的面部表情随着时间的推移变化得越来越少。

感悟

微笑是一种先天就有的行为，但是经验能够改变它。

从上面的几个例子以及很多其他的例子中，我们可以做出以下结论：经验论者和先天论者都有失偏颇。事实上，基因和环境会相互作用，因此某一种特定的行为有可能是本能行为——你的宝宝刚出生就会，但是他会根据自己的经验改变这种行为。

事实上，基因和环境之间的互动自从卵细胞受精后就已经开始了。这个受精卵将会成为你的宝宝。胎儿在子宫里的发育遵循一个非常清晰的模式，有一些强大的基因指令在那里起着作用，但是子宫里的环境对胎儿同样也会产生深远的影响，这就是为什么孕妇必须谨慎对待饮食的原因。

我们在这里举一个例子：致畸因素是一种环境因素，它会促使胎儿发育异常最后导致出生缺陷。一种致命的致畸物质是萨力多胺。在20世纪50年代，医生曾经给孕妇开过这种药来克服孕妇晨吐。不幸的是，孕妇如果在怀孕后的两个月内服用它，婴儿出生时就会出现严重的肢体畸形。海洛因、可卡因、酒精和尼古丁这样的药物都属于致畸因素，他们影响胎儿在子宫里的发育，同样，营养不良、湿疹和水痘之类的传染病以及孕妇的压力也属于致畸因素。

有趣的事实

孕吐是用来保护胎儿的

有一些食物，妇女在正常的情况下是可以吃的，但对胎儿有害。怀孕后的前三个月是胎儿的主要器官正在形成的时期，因此这段时间胎儿特别容易受到伤害，这一点我们可以从萨力多胺这个例子中看到。这三个月也是孕妇晨吐最严重的时期，其作用是大幅缩减孕妇的食物摄入量，虽然她可能还没有意识到自己已经怀孕。有趣的是，晨吐的孕妇发生流产的情况相对较少。

本书中你将会看到婴儿天生具有各种不同的本领——如果你喜欢的话也可以称为遗传基因的预先编制程序——但是婴儿学习的速度简直就是神速。事实上，正是因为有这些能力，婴儿才能够如此迅速地从他们所处的环境中学习知识。通过本书你将会发现，有些方法可以帮助你在宝宝的每一个发展阶段给他提供合适的环境，让他最大限度地发挥其基因方面的潜力。

我们还将会看到宝宝的成长不仅仅是基因和环境之间的一种相互作用，它还在心理学家称为“专一性”和“可塑性”之间来回变动。可塑性是指婴儿的成长具有很强的灵活性。因此即使婴儿大脑的发育天生要遵循一些具体的指令（专一性），但正是由于和周围人的互动，由于参与到他所处的文化和周围世界中，其大脑才得到了塑造。就像一件盒装组合家具一样，基因给我们提供了一个启动工具箱和一套基本的如何构建大脑的入门指南，但是周围的环境可以补充基因无法做到的事情。

在宝宝从胚胎、婴儿期到以后的发育过程中不断地使大脑形成联络。

本书的结构

照看新生儿意味着你会特别忙碌，几乎没有什么闲暇时光，面对这种情况，本书是这样设计的：你用不着从头读到尾才能发现你所需要的信息。

第一部分是为希望了解他们的宝宝在成长中的每一个阶段会出现什么行为、为什么会出现这些行为的父母设计的。本部分首先概述宝宝怎样开始挪动和他在1岁内要经历的几个阶段。接下来本部分按年龄段分成几节：第2节着眼于宝宝出生后的6周内身体上发生的变化，在此期间宝宝正在习惯他周围的世界，正在接受用他的感官获得的信息；第3节着眼于宝宝出生后的第6周到6个月大这一段时期，在此期间，宝宝相对来说还很无助，他努力控制他的身体，但是变得越来越灵敏，准备和你开始互动；第4节着眼于第6个月到学步期，主要是宝宝从坐立到站立的时期。这三节的每一小部分都会介绍该阶段宝宝眼里的世界，这会帮助你恰当地对宝宝做出回应。因此，在每一个阶段，你将会发现你该如何安慰宝宝，在他啼哭时你该如何作出回应，以及为什么要这么做。你还会发现你应该怎样适当地和宝宝互动，来刺激和帮助他过渡到成长的下一个阶段。

第二部分涉及早产儿或双胞胎和多胞胎这样的特殊情况，因此如果你只有一个足月婴儿，你可以跳过本部分。

第三部分用来具体解释为什么爱和互动对宝宝如此重要。本部分将要谈到宝宝大脑的发育机制以及怎样受到你投入的影响。

本部分的第一章着眼于宝宝怎样与你及其他家庭成员建立亲密关系，以及这种亲密关系怎样影响宝宝现在和以后在成长过程中的安全感。我们会谈到亲密关系对儿童集体保育的启示意义。为了重返工作岗位你不得不把宝宝放在托管中心，所以你需要知道哪一种类型的儿童集体保育最理想。我们还会探索宝宝在家庭中的地位——他的家庭结构怎样影响他，他和兄弟姐妹的关系——同时，我们还究宝宝如何影响你和伴侣的关系，如何维持这种关系，以及这种关系破裂后对宝宝的影响。此外我们还着眼于将来，给你提供一些随着宝宝的成长你将如何转变父母角色的建议。

本部分的第二章将继续探讨宝宝大脑的发育情况，它如何受到你的信息输入的影响，但这章的重点是关于宝宝对于世界的认知。首先我们探讨婴儿如何学习，他怎么组织他已经学到的知识，并且为什么这样组织。然后我们探讨做游戏是否对婴儿起着重要的作用，游戏意味着什么，你要怎样与宝宝做游戏，男孩和女孩的成长是否有所不同。

你应该能发现你可以随时阅读自己最感兴趣的一部分，由衷地希望你认为本书浅显易懂，更重要的是你能把本书的知识运用到自己的宝宝身上。希望你喜欢本书！

个案研究

丹尼尔刚刚出生，他的父母安妮和布伦正在惊奇地注视着他。布伦评论着宝宝长长的手指和脚趾，这开始让安妮想象，随着时间的流逝，他们在宝宝身上还会越来越多地发现什么，因为她自己是被收养的，和生母没有任何接触。

也许安妮会发现，因为有了孩子，她会思考更多的遗传基因方面的问题，但是她并没有必要了解更多的这方面的知识，除非丹尼尔遗传了几种罕见的并且是尤其特殊的不正常的基因中的一种。

丹尼尔如何成长将会部分依赖于他的基因，但更重要的是依赖于安妮和布伦给他创造的环境。如果他们家里充满爱，有固定的人陪伴在他身旁并给他提供足够的刺激，他就会正常成长。

10件要记住的事情

1. 婴儿在1岁内最需要的是爱和互动。

2. 如果你认为一切都是天生的，都是由遗传基因决定的，那么你做什么都无关紧要；你的宝宝将会按照特定的方式长大成人，因为他的基因指导他这样成长。

3. 要想区分开所有的孩子与生俱来的本能行为和后天学会的行为是相当困难的。

4. 现在我们相信宝宝是他的基因和你提供的环境之间互动的结果，给他提供一个合适的环境可以让他充分发挥基因方面的潜力。

5. 由你负责为宝宝的成长提供合适的环境，这样听起来可能会令你望而生畏。

6. 好消息是你的宝宝将会引导你他需要什么，正如你看到的那样。

7. 他喜欢学习，如果他感到厌烦，就会抱怨。

8. 学习对他来说就如同吃东西和呼吸一样自然。

9. 本书向你表明成年人会为了给婴儿提供他所需的东西而本能地改变自己的行为。

10. 不要过于关注你应该做什么，只要对宝宝付出你的爱和时间，他就会正常成长。

第1部分

BOOST YOUR BABY'S DEVELOPMENT

婴儿发育的逐步操作指南

引言

在本部分，你会发现宝宝在他的每一个成长阶段将会发生什么变化。这一部分是让你了解宝宝在任何一个特殊的阶段有可能出现什么行为，身心如何成长，教你如何通过合适而又富有刺激性的方式与宝宝互动，同时教你通过理解他啼哭的原因和他眼里呈现的外部世界来安抚他。本部分主要聚焦于“是什么”而不是“为什么”，本书后面的章节将要专注于解释宝宝在特定阶段为什么会有这种行为，从而让你从理论上进一步了解宝宝总体的成长过程。

就像你在引言里看到的那样，宝宝在基因和环境的互动中成长。基因告诉他应该做什么，大约在什么时间，但是技巧的细微调整是在以你为主的环境中发生的。

这意味着你的投入很重要：你需要陪伴他，安抚他，和他互动，支持他并逗弄他。你没有必要为此感到焦虑。首先宝宝渴望成长，在一定程度上是他在带路。其次只要你做好准备，在宝宝身上付出时间和精力，并追随着他，在他的指示即线索下，你会发现自己知道需要做什么。

刚才我们已经说到，你希望帮助宝宝成长，你也的确能做很多事情来帮助他成长，但有一点你需要记住：你不能揠苗助长。宝宝在能够站立之前必须先学会坐，走路之前必须先学会爬。如果他的大脑还没有做好准备，有些事情对他来说是无法做到的。例如，宝宝学会说话要依赖于他的嘴巴变大、上颚成为拱形和舌头变小，这种情况将会在24周和36周之间发生。在此之前他无法说出词语。因此在本部分的开始我们需要综述一下宝宝在1岁内的发育情况，换句话来说，他是如何挪动身体的。

此外，有时候宝宝好像掌握了一项技巧后又忘记了。这种情况完全正常。不同的技巧在发展过程中会彼此竞争大脑的能量，因此大脑能量的焦点会有所变化。宝宝的大脑需要巩固已经掌握的技巧，所以有时候宝宝的发育速度快得令人吃惊。

在宝宝1岁内他的身体发育将会取得重大进步，你可以做很多事情来帮助他一路成长，在后边的章节我们将会看到这一点。

第1节

挪动身体——婴儿1岁内的身体发育

在本节你将会学到：

- 婴儿为什么要花好长时间才会挪动身体
- 抱着婴儿可能有助于他的发育
- 婴儿如何学习利用他的双手来操纵物体

为了让婴儿能够真正地参与到他周围的世界中去，能够主动和他发现的身边的事物互动，他将需要：

★ *能够控制他自己的身体，这样他才能通过爬行或走路来挪动自己。*

★ *能够控制他的双手，这样他才能拾起和操纵物体。*

但是他需要花费将近一年的时间来真正完成这些任务。为什么婴儿需要花这么长的时间呢？

婴儿出生时已经掌握的本领

虽然婴儿刚出生时完全是无助的，但是他能够控制一些重要的肌肉，尤其是帮助他交流的肌肉，也就是他脸上的小肌肉群。生下来时他就会皱眉头，企图模仿你的面部表情，甚至能够故意伸出他的小舌头来模仿你。但是他要花好几个周来完善这些表情，之后他才会展现不同的笑容。他甚至要花更长的时间来掌控他的手臂和双手，而他要学会控制身上所有的大肌肉群来保持身体平衡和学会走路至少需要一年的时间。

有时你渴望帮助宝宝挪动他的身体，尤其是当他挣扎着想坐起来或爬行却遭遇失败而感到沮丧的时候，你更加渴望帮助他。但是，值得注意的是虽然你同情他并希望竭尽所能地去帮助他，你需要明白，他感受到的沮丧完全正常，并且还有可能激励他取得进步。

另外一点需要注意的是宝宝的身体发育和智力发育几乎没有什么关联，所以即使你的宝宝在同龄人中是最后一个学会了爬行或走路的，这并不意味着他不如同龄人聪明。

感悟

就我而言，这种事实令人欣慰，因为我的第一个孩子在他的一小群伙伴中是最后一个才学会坐立、爬行和走路的。但是，他现在特别聪明。我认为也许当时他发现挪动自己的身体很难吧，因为他个子高、长得瘦，而且脑袋特别大。

开始挪动身体——控制大肌肉群

为了能够真正在世界上走动，宝宝将需要坐立、爬行然后行走。这意味着他的颈部和后背的肌肉需要变得越来越强壮，这个过程将要持续几个月，在此期间，他对肌肉的控制将从上往下，也就是按照从颈部到双脚的顺序进行。

问题是在失重状态下的子宫里，胎儿几乎没有什么机会来进行肌肉发育，因此当他刚出生时和他的身体相比，他的脑袋比我们的要大得多，脑袋太重，以至于他的颈部和后背的肌肉根本支撑不起它。出生后他需要立即开始增强这些肌肉，如果你把他靠在你的肩膀上，你会感觉到他突然把他的脑袋挺起来，虽然幅度很小，好像他在故意撞击你——实际上，他是在锻炼对脑袋的控制力。

感悟

当你摇动宝宝或者只是拥抱或安抚他时，你要让他直立起来，这样他才会有机会来增强他的肌肉。

几周后他会变得强大，当你保持静止不动时，他每次都可以把脑袋抬起来几分钟，但当你四处走动时他还做不到使脑袋保持平稳。

大约10周后他将能够控制颈部，在绝大部分情况下能够使脑袋和颈部保持平稳，现在轮到他的肩膀让他感到失望了。事实上，只有到他6个月大时他才能够完全控制他的整个脊柱——这是他能够独自坐立的最早阶段。

★ *一天至少让宝宝趴一会儿，让他锻炼抬头。*

★ *虽然婴儿不能趴着睡觉，但他们醒着时每天趴一会儿很重要，这样能够帮助他们的颈部变得强壮。*

★ *除了旅行之外不要让宝宝坐在他的汽车座椅里，否则他会受到约束，不能够自由活动四肢。*

当他能够稳定地控制脑袋时，他的身体也开始舒展开来，不再是他原先喜欢的胎儿姿势，他开始伸直四肢（他的双手也不再紧握，这样他能够开始主动抓握物品——下面有详细的说明）。这种情况一旦出现，他就能够开始训练他的腿部运动，大约12周大时，他将会喜欢躺着乱蹬小腿。

★ *当宝宝身体开始舒展时，每天让他在地板上躺一会儿，不要用尿布。*

★ *一旦他开始喜欢踢腿，你可以把他放在不同的物体的表面上让他体验不同的材质。*

★ *在他的脚裸上系上一只氦气球，看看他会做出什么动作。*

感 悟

在许多方面，我们当代的生活方式并不利于婴儿的身体发育。坐在汽车座椅上或躺在轻便小床上，虽然方便了我们，婴儿却并不需要这些。

有趣的事实

婴儿的运动发育过程映射了人类的进化发展

有趣的是，婴儿在运动方面取得的进步复制了我们人类的进化发展的过程。胎儿在子宫里的运动在性质上和鱼的运动很相似。离开子宫后婴儿最初的运动是像爬行动物那样用腹部爬行，然后像哺乳动物那样用手和脚爬行，接着又像其他类灵长类动物那样借助于手和脚走路，并最终学会了人类特有的两腿直立行走。

四五个月大时，当婴儿趴着时，也许他能够抬起脑袋或撅起他的小屁股，但是这两个动作他还不会同时做。有一些婴儿甚至能够通过轮流抬头和撅屁股来挪挪窝，但这并不是真正的爬行。要做到真正的爬行，他需要用手和膝盖才行，这个动作只有等到七八个月大时他才能做到。

婴儿第一次爬行时也许是往后爬——这实在令人沮丧，但过几天他就会解决这个问题。

★ *把一个玩具放在他够不着的地方，这样他就会以玩具为目标练习爬行。*

感悟

行走学起来更难——难怪我们的祖先基本上适应的是用四肢走路的骨架。这也是为什么有很多人在一生中伴随有背部问题的原因。如果我们一直保持四肢走路的姿势的话，效率应该会高得多。

但是婴儿受到驱使要行走，一旦他能够能控制脊柱和臀部之间这一部分并学会了坐立，离他能够站立的时间也就不远了。首先，他需要绷紧膝盖，然后他需要控制臀部（这一部分实际上并不是按照从上到下的顺序进行的）。和每一项身体技能一样，站立的练习很重要，他将要花几周的时间利用身边的一切有效的东西（椅子、桌子腿甚至你的头发，只要他够得着）让自己站起来。有时候当他站起来后，他却不能够重新坐下，而需要等待别人的帮助。虽然垫着尿布或穿着纸尿裤，但让他弯下膝盖坐下去还是让他感到害怕。

坐立

为了能够坐立，宝宝需要壮大自身的力量，并协调好背部和臀部的肌肉。这个发育过程是由上而下进行的：

★ ***刚出生时，**他还不能支撑脑袋的重量，因而需要你的帮助。*

首先，把宝宝的颈部和肩膀放在你的前臂上来支撑他；他并不喜欢你搂住他的后脑勺。另外你还可以竖着抱他，让他的肚皮靠着你的肚皮，这样他的脑袋能够和你的肩膀顶部持平。

★ ***2个月大时，**他的颈部变得强壮一些。如果你让他趴着，他将会短暂地抬起他的脖子并东瞧瞧西看看。*

你可以让他每天趴一会儿来训练这个动作。

★ ***3个月大时，**婴儿在头部控制方面取得了进步，他喜欢*

被别人竖着抱，这样他就能够以全新而又有趣的视角来审视周围的世界。这样抱还能够让他保持清醒，因为婴儿躺着更容易睡着。

在这个年龄段你可以帮他站在一个有支撑作用的弹跳器上蹦蹦跳跳。确保他只能用脚趾头触地，以免在蹦跳的过程中他的小脚受到的压力过大。

★ ***6个月大时，****他喜欢打滚，也许能够坐立一段时间，这取决于他的腰部的稳固程度。打滚是婴儿在世界上挪动身体的第一步，你可以发现宝宝为了得到他想要的东西，他会想出一个打滚策略。*

在宝宝两侧和后面放上靠垫让他坐立，然后在他的正前方放上各种各样的物品让他观察和玩耍。

获得平衡——为什么前庭系统对婴儿至关重要

当肌肉控制在发育时，另外一种对于婴儿能够挪动身体至关重要的系统也在发育，这就是前庭系统。

前庭系统是我们最古老的感官系统之一，有人认为它是在6亿年前进化而来的。我们依赖内耳中的神经末梢来感觉在空间中任何位置的变化，确切地说是能够感觉到大脑在空间中的运动。我们的肌肉和关节通过本体感受也有助于我们意识到在空间中的位置。

当我们的前庭系统正常工作时，我们知道自己正朝哪个方向前行，我们行进的速度有多快，是在加速还是在减速。在正常情况下我们意识不到自己在使用这种系统，但当我们生病或遇到过度刺激时，例如，如果我们在海上旅行或尝试走狭窄的横梁时，就能够意识到前庭系统正在工作，我们会感觉恶心或受到了威胁。

为了能够挪动身体，婴儿必须要接受来自于前庭系统的信息输入，他接受的信息输入越多，前庭系统就发育得越成熟。在宝宝能够自己挪动身体之前，他将依赖你来挪动他。

★ *他会发现轻轻的摇摆之类的缓慢动作可以安抚他。*

★ *急速移动、蹦跳或旋转之类的快速运动可以给他带来刺激。*

★ *用背巾背着宝宝是一个不错的方法，一方面可以让他体验前庭刺激，另一方面你还可以做一些其他的事情。*

通过摇晃和摇摆感到舒服的婴儿要比通过其他感觉而感到舒服的婴儿在视觉上更警觉。

只有到了7岁左右，婴儿的前庭系统才能发育成熟，并在青春期和青春期后继续发育。看起来孩子们能够意识到前庭感觉——婴儿喜欢被别人拥抱或摇晃，孩子们喜欢玩秋千和绕圈圈。所以即使你花很多时间携带和摇晃宝宝，也不用担心——你正在帮助他的前庭系统发育，这种系统不仅对行走和一般运动至关重要，而且对一般智力也起着重要作用。有阅读障碍、运用障碍、注意力缺陷、语言障碍和情感问题等学习困难的孩子经常有前庭缺陷；而遭受焦虑、广场恐惧症和恐慌症的成年人有时被发现前庭系统有问题。

乍一看到这种情况也许你会感到吃惊，但是你可以想一想，我们的前庭系统让我们的大脑具有方向感和许多更高的认知技能，例如阅读和写作要求定向意识（例如，“saw”和“was”的差距，“on”和“no”的对比；辨别时间需要意识到上和下，左和右）。如果孩子满8岁还是把字母、数字和单词的顺序弄反，这样的孩子经常被发现平衡感还没有发育成熟。

感悟

当有老人告诉你“带着孩子四处走会宠坏他”时，你可以告诉他“事实上研究表明携带孩子会让他变得更聪明！”

调查研究

在一项研究中，一些婴儿接受了有规律的前庭刺激训练。研究人员向不同的方向摇摆他们。之后，研究人员把这些婴儿和没有接受过训练的婴儿作比较，结果发现这些接受过额外刺激的婴儿的坐立、爬行、站立和行走的运动技能更高超。

运动和婴儿的大脑

大脑中至少有3个脑区参与运动，它们相互作用，功能有所差别。这3个脑区是小脑、基底神经节和大脑皮层。

- ★ *小脑——花椰菜形状的结构，位于脊髓和大脑其他部分连接处的上方——如同大脑的自动驾驶仪。小脑用来控制通过练习获得，而之后不再需要有意识控制的技能，例如弹钢琴和盲打等。前庭系统和小脑相连，因此小脑受到损害会造成协调紊乱，行动笨拙或运动失调。*
- ★ *基底神经节位于大脑皮层的下方，几乎跨越整个大脑。这一部分如果受到损害将会造成运动障碍，例如：帕多森氏症、亨廷顿氏症、脑瘫、口吃和注意力不集中。*
- ★ *大脑皮层覆盖整个大脑，就像头巾一样，它负责我们的有意识行为，为人类所特有。任何一种新的行为都有可能由大脑皮层控制，但是这种动作一旦重复的次数足够多而被记住后，它就会由小脑来控制。*

宝宝最初的运动主要是受到前两个脑区的控制，这两个脑区属于大脑较原始的区域。这些最初的运动包括拥抱反射或惊吓反射等反射动作，它们在怀孕后的9~12周形成，用来对任何突发事件尤其是脑袋失去了支撑时做出反应。宝宝需要成长到不再需要这些反射动作时才能真正地掌握复杂和深思熟虑的运动。

拥抱反射

如果你让宝宝的脑袋低于他的脊椎，他的四肢会外展伸直，他会倒抽一口气，这种姿势会停留不到一秒钟，继而屈曲内收到胸前，一般伴随着表示抗议的哭闹。这种反射可以帮助宝宝进行第一次的呼吸，一般在婴儿2个月大时减弱，4个月大时消失。有人认为如果在婴儿4~6个月大时这种反射还继续存在的话，这个婴儿会更敏感、反应更强烈，以后可能会出现冲动行为。

婴儿如何使用双手

抓住一件物品看起来比较简单，不是吗？但事实上婴儿需要学会做一长串的事情后才能够使用他的双手。

抓握反射

为了能够用他的双手来操纵物体，宝宝必须丧失抓握反射。抓握反射在婴儿出生时就已经出现，会持续到婴儿五六个月大。无论何时你把一样东西放在他手里，他总会抓住它，并且抓握的力度不可思议的大，但是这种抓握又是不可预测的，也许他会突然松开抓住的任何东西，或者他无法松开手里的东西。这也是为什么不能让他抓着你然后把他提起来的原因。为了能够真正与物体互动，他需要能够按照自己的意愿松开手里的东西，这个时期你可以开始和他一遍遍地玩耍有趣的丢玩具的游戏。

除了丧失抓握反射，宝宝还需要协调他够东西的行为，他需要保持足够的注意力来看到一个物体，然后调整他的手臂移动的路线去够它，碰到它，张开小手抓住它，然后合拢小手。这一套动作看起来简单，实际上却很复杂，因为刚开始时有一段时间宝宝甚至意识不到他的双手是他身体的一部分，是可以利用的非常有用的工具。

够东西

有一些心理学家认为婴儿在很小的时候就已经有能力够东西了，而其他心理学家则认为婴儿需要经过很长一段时间才会掌握这种行为。不管情况怎样，具有讽刺意味的是，婴儿遇到的第一个障碍竟然是自己的小手。

首先宝宝发现了一件物品，他开始伸出手臂去够它，但中途他看到了自己的小手。看到小手这么有趣，他便不再去够那件物品，而是盯着自己的小手看个不停。过了一会儿，他又看到了那件物品，又开始去够它，然后理所当然地小手又干扰了他的注意力。这种情况会持续一段时间，宝宝一会儿被那件物品吸引，一会儿又集中注意力去看自己小手在做的动作。如果他的小手能够吸引他的注意力的话，也就不能确保他能够完成一系列复杂的够东西的行为。实际上，你会看到宝宝好几天完全被他的小手迷住了。在此阶段他还不能够同时注意手和物品这两样东西。

从某种程度上说，这种情况并没有什么，因为在相当长的一段时间内他会对他的小手呈现的一切感到津津有味。他能够用一只手抓住另外一只手，把两只手伸到嘴里，合拢双手又分开它们等等。刚开始他只是在双手碰巧从眼前经过时才会使用它们，但后来就会出现一个神奇的时刻，就在那一刻他会意识到这两只手和自己的身体是连在一起的（大约5个月大时），他可以随时使用它们。

- ★ *在宝宝出生后的几周内试着把拨浪鼓之类的东西放在他手里，看看当他舞动手臂时他是否注意到拨浪鼓发出的声音。*
- ★ *一旦他真正地玩弄他的小手时，他就会更喜欢玩拨浪鼓。*
- ★ *当他开始把小手放到嘴巴里时，你要意识到从现在开始他将要用相似的方式来探索绝大部分物品，因此你要确保所有的物品保持清洁，同时又不能太小以免让他窒息。*
- ★ *如果他有橡皮奶嘴，最好只在他想睡觉的时候使用，否则他将错过通过小嘴来探索物品的机会。*

良好的手指控制

6个月后宝宝将喜欢探索和抓握许多不同的物品。他不再满足于玩弄自己的小手，一旦他探索了一种物品后，他将渴望探索下一种物品。接下来的几个月，他将会完善抓握技巧，从10根手指并用才能抓住一样东西到左右手同时分别抓住一样东西，然后能够分别控制他的每一个手指，一直到他能够伸出一根手指，能够用其他手指和拇指这两根手指抓住非常小的东西。大约一岁时，他会进一步完善他的抓握技巧，已经能够使用食指和拇指抓起一粒小小的葡萄干了。

- ★ *给他不同的东西让他去抓握：积木、小木勺、纸团、一串钥匙、塑料杯和毛绒绒的泰迪熊等。你没有必要购买上百种玩具，你在家里准备的物品能够让宝宝连续玩好几个小时就足够了。但一定要确保这些东西足够大以避免让宝宝窒息。*
- ★ *让宝宝练习对奶酪块、软面包、葡萄干等小块食物的抓握能力。*
- ★ *这个阶段不要花很多钱买体积大的玩具，因为他还不会合理使用它们。*

个案研究

杰西卡和皮特的宝宝，亚历山德拉，因为自己身体的受限感到沮丧，所以他们一直在努力帮助她。刚开始他们用自己的腿帮助支撑她或用靠垫围住她，但现在他们确信亚历山德拉正在准备学习走路。看起来她对爬行一点儿不感兴趣，不喜欢趴着，反而一直努力想让自己站起来。杰西卡和皮特不知道是否到了给孩子买一个学步车的时间了。

除了有一些婴儿，尤其是一些特别合群、喜欢与别人进行面对面互动的婴儿，并没有对爬行表示出多大的兴趣，他们宁愿等着学会走路。这并不意味着他们不会爬行，只是他们不愿意爬而已。在能够走路之前婴儿也会企图让自己站起来并站立一会儿。在婴儿学走路这件事上“拔苗助长”是错误的，因为这样会增加出现事故的几率。大家已经发现学步车是造成婴儿在家里发生意外的罪魁祸首之一，因此杰西卡和皮特应该放弃购买学步车的企图。如果他们合理布置房间里的家具，效果会更好一些，因为这样做能让亚历山德拉练习从一个地方挪到另一个地方。虽然她有可能对自己的进步感到沮丧，父母所能做的最好的事情就是对她表示同情。

十件要记住的事情

1. 新生宝宝的身体并不像你想象的那样无助，他已经能够控制用于交流的小肌肉群。

2. 宝宝对肌肉的控制是由上向下进行的。

3. 在宝宝能够有意识地使用四肢前，他需要摆脱几种反射。

4. 宝宝在学会抓握之前需要先学会放手。

5. 你不能“跳过”一些发展阶段，身体发育超前并不一定意味着你的宝宝比别的宝宝聪明。

6. 前庭系统对运动和协调性来说相当重要。宝宝的发育障碍和前庭系统的缺陷有关。

7. 努力给你宝宝提供很多机会，让他每天使用不同的姿势。花一些时间带着他四处走走，这样会改进他的前庭系统并帮助他获得平衡感。

8. 你在抱着宝宝的同时也在帮他进行颈部肌肉的发育，这样最终会让他能够坐立然后行走。

9. 宝宝需要躺着睡觉，但是每天他也需要趴一会儿。

10. 你没有必要购买很多不同的玩具，因为绝大部分家用物品，只要它们干净安全，都可以让宝宝玩上好几个小时。

第2节

欢迎来到这个世界——出生后的前6周

在本节你将会学到：

- 新生儿能够做什么
- 新生儿怎样看待这个世界
- 怎样利用这些信息来刺激新生儿或让他保持安静

新生儿是这个星球上最无助的人，但当他来到这个世界时他已经拥有9个月的经历和许多与生俱来的技能。

虽然宝宝可能看起来对他的肢体几乎没有什么控制力，事实上他已经能够做出一些令人吃惊的壮举，所有的这些壮举都是他用来生存的必不可少的工具。

来到地球上——出生

整整9个月，宝宝一直在一个受到保护的环境里成长：氧气和食物源源不断地输入他的身体，由于温暖羊水的包围，他的体温保持稳定，让他非常舒服。他面临的主要挑战，如果你愿意这么理解的话，是来自于他双耳听到的声音：他能听到子宫里持续不断的噪音；听到有规律的心跳，血液流动和进行消化发出的嘶嘶声。除了这些，他还能听到来自于外界的声音，随着出生日子的临近，这种来自于外界的声音越来越大也越来越清楚。

在出生过程中，母亲的荷尔蒙和他自身的压力荷尔蒙结合在一起，因此出生时他洞察入微，非常警觉，能够应对从一个世界到另一个世界的转变，同时对发现他在哪里、谁在那里的问题感兴趣。

同时他的妈妈也“充满了荷尔蒙”——已经做好准备与这个新生儿接触。绝大多数妈妈在宝宝出生后会通过多种方式无意识地刺激她们的宝宝：抚触他，不自觉地把他抱到一个合适的角度进行目光接触，拥抱他，对他说话等。

在生孩子的过程中服用的任何止痛药都会影响宝宝，会降低他应有的警觉性，剖腹产出生的婴儿无法积累能够让他顺利过渡到另外一个世界的荷尔蒙。如果你能够参加国家儿童信托产前培训课的话，那里的老师会详细讲解生孩子的过程中缓解疼痛的方法，这段时间是值得度过的，因为你将会更加了解这些选择对新生宝宝造成的影响。

新生儿能够做什么

挪威的科学家给新生儿录像，把他们放在妈妈的肚子上。让这些科学家惊奇的是，如果这些婴儿被独自放在那里，他们会利用自己的四肢慢慢而又协调地爬到妈妈的乳房那里，不用别人的帮助他们就开始用自己的小嘴叼住乳头并吸吮起来。这种令人难于置信的成就，包含了踏步反射、寻乳反射和吸吮反射，实际上新生儿要花一个小时才能做到，但它却表明新生儿能够做很多事情，只不过他们花的时间比较长而已。

感悟

现在我们开始利用这种信息来帮助妈妈们哺乳。躺在床上让宝宝自己去叼住乳头看起来是母乳喂养的一个好的开始。

婴儿出生时还有其他几种反射，这几种反射涉及复杂而又协调的身体运动。抓握反射是指婴儿能够紧紧抓住放在他手里的东西，只不过差不多4个月大时他才会有意识地伸出手臂去抓住一样东西，然后有可能把它放进自己的嘴里。如果他听到一声巨响受到了惊吓，或者感到自己要掉下去的话，拥抱反射会使他头往后仰，四肢和手指往外伸展，然后又蜷缩在一起好像紧紧抓住东西一样。如果从树上掉下来时这种策略是比较明智的，但是如果他的四肢比较沉的话，他可能坚持不了多大会儿。

因此宝宝的身体并不是什么都不会，只不过他的肌肉不够强壮无法支撑起他沉重的身体而已，他将要花费几个月的时间让身上的肌肉强壮起来。你可以看到当他不再需要和他身体的重量抗衡时，他做得有多好——你可以看到他伸开和弯曲他的手指和脚趾，感受到他能够长时间地紧紧握住你的手指头。当他啼哭、睁眼或微笑时，他还能够协调和控制脸上的几百组肌肉。

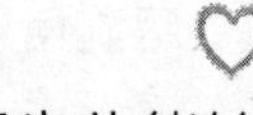

新生儿能够感受什么

新生儿需要弄明白他周围的世界是什么样子，需要理解不同的感觉，最初这是一项不小的任务。

也许你认为自己只有5个感觉器官，记录5种不同的信息输入，也就是说，你的眼睛、耳朵、皮肤、嘴巴和鼻子可以告诉你看到、听到、感觉到、品尝到或闻到什么。事实上，我们可以意识到10种不同类型的感觉，至少要使用6种不同的感觉器官（如果包括内耳里的前庭系统的话）。当然，绝大部分感觉器官对新生儿来说是全新的。

例如，我们身体内部的器官向我们提供这样的信息：我们有多舒服；我们是否饥饿或口渴或者是否需要上厕所——这些感觉称为内感作用，对于新生儿来说这是全新的，因为出生前胎盘替他做了一切。

新生儿感觉信息输入超载

作为成年人我们一般意识不到这些大量的信息输入，但是请想一下新生儿是在第一次经历所有的这些感觉，并且还需要理解它们。当他最终接受他的肚子发出的噪音后，同时又必须努力弄明白这种噪音是什么，它在哪里，并且闻到了一股奶香味——它在哪里？这种情况下，他很容易变得负担过重。作为成年人，我们会过滤掉很多信息，选出我们需要注意的信息，但是婴儿却很难做到这一点。难怪他们很快就受到了过分的刺激，进入梦乡。

感悟

婴儿竟然能够在最嘈杂的环境中睡觉，这让我感到特别惊奇，但是现在我明白了，这是婴儿感觉信息输入超载时采取的一种策略。

新生儿的嗅觉和味觉

有趣的是，胎儿能够闻到气味，羊水里携带着气味，宝宝的嗅觉大约在妊娠28周时开始发育。在晚期妊娠阶段，他能够闻到妈妈能闻到的所有气味，因为这时胎盘的渗透性变得越来越强，外部世界的分子能够进来。这也许能够解释为什么新生儿能够在出生后识别妈妈。刚出生的女婴能够对自己的羊水做出反应，明显地喜欢在被羊水弄湿的乳房上吃奶，当然我们没有义务去测试这一点！（刚出生的男婴好像做不到这一点，很可能是他们身上的睾丸激素减弱了他们的味觉。）

怀孕期间妈妈的气味会发生变化，将会变成她自己和宝宝气味的混合体，这能够帮助她在孩子出生后马上认出自己的宝宝。在一次试验中，实验人员提供了三件T恤，一件是自己的宝宝穿过的，另外两件是另外两名新生儿穿过的，要求刚做了一天妈妈的妇女选出自己的宝宝穿过的T恤。即使和自己的宝宝在一起仅仅待了10分钟的妈妈都能够准确识别自己的宝宝穿过的T恤（第二章也介绍了爸爸对宝宝气味的反应）。

出生后1小时还没有洗过的婴儿与已经洗过的婴儿相比更能成功地把自己的小手放到嘴巴里寻求安慰，这说明他们通过气味找到让他们获得安慰的东西。出生6天后宝宝将能够识别自己妈妈的母乳的气味，他的小脑袋会转到妈妈乳头的方向。用牛奶喂养的婴儿也能够识别他们父母的气味，只要他们和父母有足够亲密接触的时间。因此如果你用牛奶喂养你的宝宝，一定要确保宝宝有足够的时间与你进行皮肤接触，也就是说，把他光溜溜的小身体放到你的衣服里边。

感悟

皮肤接触对作为父母的你来说是多么神奇的资源。婴儿喜欢皮肤接触，这样做对他们有好处，这能够使他们的心率和体温保持稳定，同时还能够刺激他们的发育。爸爸们也可以像妈妈那样与孩子进行皮肤接触。

有人认为年龄稍大一点的婴儿会通过他们的唾液在父母身上留下气味——通过吃奶、眼泪和口水！这是为什么让婴儿依恋的东西（毛绒玩具）对他们如此重要的原因，也是为什么在他们心爱的泰迪熊玩具被洗后他们非常难过的原因。闻T恤的实验证明，3岁大的孩子也可以识别他们兄弟姐妹的衣服。

味道和气味紧密相连，通过舌头上的味蕾起作用。味蕾分别对咸、酸、苦和甜非常敏感，但是婴儿感受咸味的味蕾发育得还不够成熟，他们特别喜欢甜味。气味和味道的工作方式相似，分子被鼻腔里的感受器感受到，然后这些信息除了被传送到大脑的其他区域以外，还被直接传送到大脑的情感中心，这能够解释为什么气味会引起强烈的情感和记忆。

★ *宝宝的嗅觉比你的嗅觉要灵敏得多，在出生后的前几周他会通过嗅觉和其他方式来了解你，所以尽量避免使用气味强烈的香水、除臭剂或洗衣粉，并注意家里的一些气味有可能特别强烈以至于让他无法忍受。*

★ *有一些气味也会给他带来安慰——爸爸妈妈的气味、妈妈母乳的气味，因此如果他躺在一件没有洗的T恤或一个用*

过的胸垫旁边，他会感到比较安慰。

- *如果你喜欢香薰精油的话，你可以稀释后在宝宝的房间里使用（这样你就几乎闻不到它），但是按摩时不要使用，它的气味太强烈。实际上，你可以在他的小床附近的布上滴上几滴让他感到舒服的油。*

为什么触觉对婴儿很重要

我们的皮肤能够感受三种不同类型的信息输入：温度、疼痛和压迫。一旦我们的触觉发育成熟，我们就能够知道我们在哪里被碰过，被碰的力度有多大，以及正在触摸什么。我们的触觉和我们的情感紧密相连，触觉对宝宝来说难以置信地重要。它是婴儿出生时最高级的感觉之一，妊娠25周出生的早产儿能够意识到他们被别人触摸。在子宫里，触觉看起来是宝宝能够感知的最早的感觉。触觉按照从头到脚趾的顺序发育，因此嘴巴是第一个变得敏感的地带，这是为什么年幼的孩子总是往嘴巴里塞东西的原因。你的触摸可能让宝宝感觉很舒服，不过他需要很多触摸经历才能进行正常发育。

宝宝的大脑最终形成关于他自己身体的地图——大脑皮层上的躯体感觉区域——大部分区域用来服务于他的手指尖、嘴唇和舌头，相对较小的区域用来服务于腿和胳膊，因此宝宝身体的某些部分比其他部分对触摸更敏感，我们可以有效地利用这些部分。虽然宝宝的大脑由于基因的作用要形成这份躯体感觉地图，但它不是一成不变的，例如，如果宝宝出生时没有手指，有关那部分的地图就不会发育。同时，为了让这份地图正常发育，宝宝将需要足够的触摸经历，在这个阶段，触摸经历是指被别人拥抱。

- ★ *和嗅觉一样，触摸会给宝宝带来安慰或刺激。*
- ★ *抚慰性的触摸包括按摩、抚触和一般性的拥抱。*
- ★ *有刺激性的触摸包括挠痒痒，轻抚他的脸蛋、小脚和小手。*
- ★ *宝宝可以感知温度，虽然他不能脱掉衣服或掀开毯子或被子让自己凉快，他却可以做其他事情。感觉凉爽时，他活动的次数会多一些，感觉温暖时，他会像晒日光浴一样躺在床上，四肢摊开。你可以利用这些信号来确定宝宝是太热还是太冷，同时不用干扰他。*
- ★ *鼓励所有的家人去抱宝宝并养成拥抱和触摸他的习惯——所有的这些经历都会让宝宝受益，同时还能够让你休息片刻！*

婴儿能够听到什么

声音由声波传播，外耳的褶皱捕获到它，传送到内耳，通过内耳感受器记录下来。学习倾听时，婴儿必须要学会识别声音来自于哪里，并要赋予每种声音一种含义。

宝宝在子宫里就已经开始了解外部世界，声音是连接他们和外部世界的媒介。低频率的声音比高频声音更容易传送到子宫，因此爸爸的声音传播的效果很好，但是妈妈的声音却最清楚，因为妈妈的声音来自于她的身体。

宝宝在妊娠20周时开始对声音做出反应，他能够积极处理听觉输入来区分音乐、语言和其他声音。新生儿对复杂的声音感兴趣（但是他们喜欢简单的视觉输入），之所以听力这么重要是因为它给宝宝在学习语言方面提供了一个良好的开端。

出生时宝宝身体的挪动就能与人类语言同步，两天后，他就会开始喜欢妈妈说的母语而不喜欢外语。

在一次试验中，实验人员要求孕妇在她们怀孕的最后六周里每天大声朗读两遍苏士博士的故事《帽子里的猫》，宝宝刚出生就被测验他们是喜欢听《帽子里的猫》还是喜欢听另外一个故事——《国王、老鼠和奶酪》。测验表明他们喜欢听《帽子里的猫》，即使是陌生的声音阅读出来的，结果也是如此。另外一位研究人员发现当新生儿听到妈妈怀孕期间看过的肥皂剧里的主旋律时，他们会停止啼哭。

出生两小时后婴儿就能够区分妈妈的声音和另外一位女性的声音，这意味着在子宫里时他们已经开始学习识别妈妈的声音。

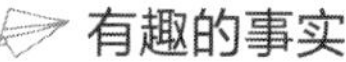

有趣的事实

宝宝喜欢妈妈失真的声音

有趣的是，胎儿在子宫里听到的妈妈的声音是失真的，就像妈妈自己听到的那样，因为她自己的声音通过她的身体传播，而不是通过声波传播，而我们听到的别人的声音是由声波传播的。事实上，新生儿刚开始的确喜欢倾听妈妈失真的声音，就像宝宝在子宫里听到的那样。

- *宝宝会发现某种声音让他听起来感觉欣慰，尤其是像爸爸妈妈这样熟悉的声音和他以前听到过的歌曲和音乐。*
- *你可以在宝宝出生前就为他建立积极的联系：在怀孕期间给他播放你最喜爱的音乐，你将会发现这种音乐在宝宝出生后可以使他保持安静。*
- *对你刚出生的宝宝轻轻地唱歌，或者在摇晃他时用你的脑袋紧靠着他的小脑袋同时还哼着小曲，看看他有什么反应。*
- *有一些婴儿刚开始很难平静下来入睡，有可能在播放着音乐时迷迷糊糊地睡着，还有一些婴儿喜欢倾听父母交谈的录音。你也可以反过来放婴儿监控器，这样他就能够听到你的声音而不是你听到他的声音。*
- *有许多婴儿发现能够使他们想起子宫里的声音听起来非常舒服，因此诸如滚筒烘衣机、吸尘器、吹风机或汽车发动机之类的任何一类白噪音都管用。你可以购买特殊的子宫噪音磁带，或者录制宝宝最喜爱的白噪音，自己做一盘磁带。*

感悟

婴儿就是小大人，但是他们在很多方面和成年人不同，例如，从他们喜欢的分贝大的噪音中可见一斑。当我知道婴儿能够从电器用具发出的声音中获得安慰时我相当地吃惊。

婴儿能够看到什么

对成年人来讲，眼睛可能是最重要的感官之一，我们的大脑的确有一大片区域用来服务于视觉，比其他所有的感知觉加起来占有的区域还要大，但对婴儿来说，它是婴儿出生时发育得最不完善的感知觉，也许是因为在子宫没有受到刺激造成的。新生儿不如成年人看得那么清楚；他们缺乏看细节的能力，无法轻易地用眼睛追随移动着的物体而是忽动忽停；他们也不善于审视物体（看物体的里面）。他们不能察觉很多颜色的存在。刚出生时，他们只能区分红色和白色，而区分不开白色和其他的颜色。

出生后的前3个月，宝宝可以把目光聚集在22厘米（9英寸）远的物体上——这是婴儿吃奶时看妈妈的最佳距离，也是他关注自己的身体尤其是自己小手的最佳距离。他对光线很敏感，他会向慢射灯方向转动小脑袋，但遇到明亮的光线时会闭上双眼。他可以追踪移动着的物体，尤其是当这些物体的形状和人脸相似时。

你可以想象透过磨砂玻璃看外面世界的情景，这种情景就是刚出生的宝宝看到的情景。但是视力低下在婴儿这个阶段是有益的，因为从什么都看不见到什么都看得见对婴儿来说或许会让他们震惊不已，因此他们先注意特定的物体，而不是被细节吓到，我们在后面将会看到这一点。能够看到附近的物体不仅意味着他们能够专注于人脸，还意味着他们开始能够协调眼睛和手的动作。

- *在宝宝出生后的几周担心他的视觉环境没有什么意义。因为他看不到你，即使把他放到正常的视觉区域内也不会让他安静下来。*
- *当你希望宝宝看到你时，就把他抱到你的怀里，这是让他盯着你看的最佳距离。*
- *在此阶段，最好专注于其他感知觉，来刺激宝宝或让宝宝安静下来。*

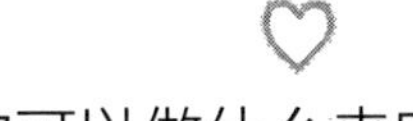

你可以做什么来安抚宝宝

出生后的6周对婴儿来说是他接受崭新世界的时期，尤其是他要建立新模式，辨别白天和黑夜，慢慢形成睡眠和清醒的周期。在此过程中你的帮助对宝宝将会非常珍贵。

新生儿是否需要很多睡眠？

所有的婴儿都需要很多睡眠，不仅仅是因为他们在苏醒时接受了身体和精神的刺激需要休息，还因为他们需要处理不断收到的新信息。当宝宝受到过分刺激时，他有可能采取睡眠这一策略。在子宫里待了9个月后处在嘈杂的环境中，他不会有任何的睡眠问题，实际上他恰恰喜欢噪音。你只需看看在最嘈杂的地方有多少婴儿熟睡，你就会明白了。依你看，宝宝能够在噪音中习惯于睡觉确实不错，这样会给你带来更多的灵活性，宝宝睡着后你用不着蹑手蹑脚，你可以带他去嘈杂的场所因为你已经知道他不会因此睡不着觉。

刚开始时宝宝总是随意而又毫无规律地睡觉和清醒。有时你很难判断他到底是睡着还是醒着。也许你不希望宝宝白天和晚上都在打瞌睡，在他出生后的几个月里，你需要慢慢调教他睡眠和清醒。最好试着让宝宝知道白天和黑夜的区别，所以你可以每天安排舒缓的就寝活动来表明白天的结束，当他夜里醒来时，你要保持安静，抚慰他，给他喂点儿奶让他平静下来以让他重新入睡。

这里有一些让宝宝感到舒服的日常的就寝活动：

★ *温水浴*

★ *穿上睡衣*

★ *唱一首摇篮曲*

★ *轻柔的按摩*

★ *喂奶*

★ *把宝宝放在床上，并说一句仪式性的短语，如“睡个好觉吧”*等。

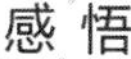

感悟

只要日常的就寝活动可以让宝宝安静下来并且没有什么刺激，只要你每天安排的活动是一样的，无论你做什么都没有什么关系。这种做法需要持续一段时间，但最终这种常规会使你的宝贝入眠。

白天，宝宝需要大量的睡眠。过了刚开始的几周后，也许你希望给宝宝设定清醒的时间段，你可以让这段时间变得活泼生动又富有刺激性，同时竖抱着宝宝让他保持清醒。6周后，他就能够重新建立昼夜节律，白天睡觉的时间有所减少，玩耍的时间将变得越来越长，也变得越来越有趣。

啼哭——不得已而为之的交流

每一个人都会听到婴儿的啼哭声。我们可以不接电话，忽视交通噪音和对话，但只有精神上受到困扰的成年人才会忽视痛苦的宝宝。你会很快熟悉宝宝的声音，绝大部分在病房里刚住了三天的母亲都会在听到自己宝贝的啼哭声后立即醒来。

要弄明白他每次为什么啼哭需要花稍长一段时间。由于疼痛造成的啼哭非常明显，停顿时他会屏住呼吸。但是饥饿、疲倦和无聊引起的哭声很容易混淆，很难辨认。

与其等待你的宝贝哭闹然后再“亡羊补牢”，还不如提前想想会出现什么情况，然后在宝宝心烦意乱之前进行干涉。在宝宝刚出生的这几周，如果你了解宝宝经历的一个清醒的周期会给你带来帮助。

深睡眠—打盹—清醒—活跃—烦躁—啼哭

清醒是指宝宝眼睛大睁着、兴趣盎然，同时情绪平静，身体静止不动。宝宝主要是在被别人抱着时才会出现这个阶段。活跃是指宝宝不仅清醒，同时还伴有很多扭动和踢腿的肢体动作。

你需要做的就是当宝宝处于活跃期时，观察他要进入烦躁阶段的迹象，烦躁是他啼哭的前一个阶段，这时你要尽力在让宝宝啼哭的刺激因素起作用前和宝宝变得很难安抚前平息这种刺激因素。

★ *宝宝将要哭泣的迹像包括：身体扭动、拱起后背、打哈欠、不再看你、皱眉头、愁眉苦脸或吐奶。*

你需要花一些时间来搞清楚到底哪一种策略能够让宝宝平静下来。并不是所有的策略会一直管用，你最好每次尝试一种策略以免加重宝宝的负担，只要是能让宝宝回想起子宫里的情形的策略都会对他有所帮助。

★ *如果宝宝容易受到惊吓你可以用襁褓包着他。*

★ *如果宝宝不喜欢换尿布你可以用毛毯盖住他。*

★ *如果宝宝爱吸吮东西，请帮助他找到他的大拇指或拳头让他吸吮。*

★ *有些婴儿喜欢看活动物体或移动模型，特别是当这些物品造成强烈的反差，距离足够近，能够吸引到他们的注意力时。*

★ *还有一些婴儿喜欢倾听摇篮曲或吹风机、滚筒烘衣机之类*

的白噪音。

- *如果宝宝感到疲倦，横抱着摇晃他会有所帮助。*
- *如果宝宝清醒但又心绪不宁时，间断地竖抱着摇晃他会起一些作用。*
- *如果宝宝感觉光线太强烈的话，你需要把他带到黑暗的房间里去。*

6周大时，所有的婴儿都会经历一段痛苦的灰色时期，他们在这个阶段感到紧张不安，但是哭闹得厉害尤其在晚上哭闹厉害的婴儿一般被认为有肠绞痛。有一种理论认为婴儿的大脑正在“重新布线”，为下个阶段的发育做准备。

肠绞痛

虽然我们认为肠绞痛只是婴儿正常行为范围内的临界点，科学家依然在努力寻找为什么有些婴儿比其他婴儿哭闹得多。尽管对宝宝的啼哭做出回应非常重要，但是没有证据表明肠绞痛和你如何养育宝宝有什么关联。放任宝宝啼哭不止会让他们年龄大一些时哭得更多和感觉更不安全，在第3部分你会找到相关的原因。

大约10%到15%的过度啼哭是对牛奶蛋白质的反应，这种蛋白质或者来自于配方奶粉或者来自于哺乳期的妈妈享用早餐时吃的乳制品。还有一些婴儿很难应付昼夜周期的改变，另外还有一些婴儿特别敏感，很难应对任何改变或不同的刺激。

所有肠绞痛发作的婴儿一旦哭起来，就很难安抚，他们大部分都是直接从非常活跃的状态突然大声啼哭起来，没有给你提供任何在他的烦躁期进行干预的机会。

你所能做的就是尝试尽量多的策略，坚持去尝试，或者找别人来帮忙，让他们来安抚宝宝或者在你努力安抚宝宝时给你提供支持。

按摩

给宝宝按摩可以刺激并抚慰他，并且你和他都会感到兴趣盎然。你的卫生随访员自己可能开设有关课程或者了解当地相关的课程，但是你自己可以尝试做一些简单的按摩动作。你并不需要任何精油，但如果你想用的话，一定要坚持使用纯粹的植物油。

★ *手臂——首先同时抚摸宝宝的两条手臂，从他的肩膀一直抚摸到小手。停顿一下，重复上边的动作，只不过接下来一次只抚摸一条手臂，抚摸完，把你的手重新放到他的肩膀上继续进行。*

★ *印度挤奶法——把双手放在宝宝一条手臂的顶端，一只手不动，另外一只手从宝宝的肩膀抚摸到手腕，如同挤奶的动作。你要一直把你的一只手放在宝宝身上。在宝宝的腿部做相同的动作。*

★ *双手——用你的拇指按压宝宝的手心，从指跟到指尖方向转动和挤压他的手指。在宝宝的小脚上做同样的动作。*

★ *肚子——按顺时针方向轻揉宝宝的肚子，这是肠子的走向。*

★ *把双手放到宝宝肩膀下方紧邻胸廓的位置，用一只手轻轻滑过宝宝身体的一侧直到他的腹股沟，紧接着你的另外一只手滑过宝宝身体的另一侧。第一只手到达腹股沟部位时，抬起它，重新放到宝宝的肋骨处重复刚才的动作，另外一只手要一直与宝宝进行身体接触。在宝宝的背部做相同的动作：从他的肩膀开始，你的双手慢慢轻抚他的后背一直到臀部为止。*

与刚出生的宝宝互动

你和宝宝建立的关系是他建立的第一种也是最重要的关系，为他以后作为一个社会人在社会上生活奠定了基础。

宝宝生下来就为社交做好了准备。他不喜欢单调音，喜欢听模式化的声音，尤其是和人类的声音相同频率的声音。他尤其喜欢追踪移动着的带有轮廓信息的视觉刺激物，尤其是和人脸相似的轮廓，他的聚焦距离适合亲密互动。他的生活依赖于和你的近距离接触，不仅仅是为了看你，还为了使自己感到温暖和安全；他的身体——不管是吸引你的圆圆的额头和胖乎乎的胳膊和腿，还是没有人能够忽视的最后的王牌武器：啼哭——都是为了能够让你近距离接触他。

婴儿一出生就渴望与你进行非语言接触。刚开始他企图模仿你。试着向他伸出你的舌头。30秒后，他会慢慢地模仿你。和宝宝交谈，寻找他做出的反应。例如，看着你时，也许他的小嘴会张得很大，很明显他在努力说话，这种情况会持续几秒钟。有时你会看到他的胳膊和小腿在动——抬起手臂，伸开小手并用手指指东西——对宝宝来说，这就是“交流”。

感悟

在这个阶段宝宝很快就会变得疲倦，所以你不能对他期望过高。充分利用宝宝活跃的时刻与他交流。

几周后，宝宝就会希望你模仿他，如果你模仿了他的表情他会很高兴。也许你本能地去模仿宝宝，利用自己的整个脸庞和声音去模仿他正在做的动作。你的模仿会给宝宝提供对他自己的动作的清晰而又富有刺激的回馈。这种模仿有助于宝宝建立自我感，在第3部分你会看到更多相关的细节。

时间控制是一种重要的学习过程，不要太慢也不要太快，不协调是宝宝在学习交流中经常出现的问题，所以你不用担心。有时在对话中宝宝变得兴高采烈、极度兴奋，但是很快他会变得超负荷，他会突然停止和你的目光接触，或者皱眉头又或者出现愁眉苦脸的样子。交流的次数多一些，每一次交流时间短一些，这样效果最好。

只有几周大的婴儿就能够在别人说话时及时挥舞他们的手臂，就像我们成年人说话时做手势一样。他们这样做实际上是在练习说话的节奏。当宝宝变得大一些时，他会向你做手势，努力和你交谈。看到你时他会转动嘴巴，兴奋地挥舞手臂。当他知道到了吃奶或洗澡的时间时，他就会高兴地扭动身体。在你说话时，他会使他的动作和你说话的节奏协调起来，而你也在不知不觉中与他的动作协调起来。

绝大部分哺乳动物的幼仔都是机械性、不间断地吃奶，但是婴儿总是吃奶、停下来、再吃奶、再次停下来。他停多长时间依赖于你的反应。如果你什么反应都没有，他不会停下来多长时间；但如果你和他聊天或摇晃他，他停下来的时间就会稍长一些，直到你说完话，他才会重新吃奶。他这是在有礼貌地等待你说话。心理学家称婴儿的这种行为为“原型对话”，它是宝宝和你“聊天”的最初的迹象。

★ *和其他用人类声音相似的任何一种声音相比，新生儿喜欢倾听人类语言。当他渐渐长大开始学习说话时，他会努力模仿人类的声音而不是模仿电话铃声之类的噪音。*

★ *婴儿出生10分钟后就能够知道他听到的声音来自于哪里。出生还不到1周，他就能知道你的声音。*

早期的交流：最初的微笑

婴儿生下来就会微笑。我们之所以知道这一点，是因为盲人婴儿也会微笑，所以微笑不是来自于对成年人的模仿。宝宝最早的反射微笑可能会发生在他刚出生后的几天，一般在他入睡或听到你的声音时发生。4~6周大时，你将会在宝宝脸上看到不同的、更明确的微笑。在这个阶段宝宝还没有什么选择性，他会对绝大部分物品微笑，包括带有圆点的圆圈等。

给出生几周的婴儿做发育检查

阿普加新生儿评分

宝宝面临的第一次的发育检查是阿普加新生儿评分，是新生儿刚出生和出生后5分钟由助产士对他做的两次评估。7到10分为健康，4到6分不理想，低于4分需要引起大人的注意，尤其是在新生儿出生5分钟后评估所得的结果低于4分时。

从下边的图表你可以看出分数是如何评定的。

分数	0	1	2
肤色	全身青紫或苍白	除了四肢其他身体部位正常	全身正常
心率	无跳动	缓慢（每分钟低于100下）	超过100下
对刺激的反应	无反应	皱眉	啼哭
肌张力	四肢松弛	四肢略屈曲	动作活跃
呼吸	无呼吸	缓慢、不规律	呼吸均匀哭声响亮

脚后跟针刺测试

宝宝大约6周大时将要进行血液测试来筛选出几种罕见的疾病，这些疾病包括囊胞性纤维症、苯丙酮尿、低甲状腺功能和血液疾病。做测试时，宝宝的脚后跟会被扎一下来收集血液样本。

婴儿的成长

你会收到一本儿童健康小册子，里面包括接种疫苗记录、日常保健和发育监测，里面还有一份百位分数图表，用来绘制宝宝的成长情况。男孩和女孩的图标不一样，但是基本原理相同。出生体重在预产期开始记录和绘制，即使宝宝出生得晚一些也是在那一天记录，如果是早产儿，对他出生体重的绘制要早于预产期。

在绘制宝宝的出生体重时你要从某一个百分位数或百分比线的某一个位置起笔。例如，如果宝宝的体重在第二个百分位数上，这意味着只有2%的新生儿的出生体重和你的宝宝的一样或低于你的宝宝；第五十个百分位数是指你的宝宝的体重居中，而第九十八个百分位数是指98%的新生儿的出生体重低于你的宝宝的体重。

每一次测量完宝宝的体重后，你都要把测量结果绘制在图标上。他体重增加的速度一般会和其他婴儿差不多，因此他增加的体重应该保持在同一条百位分数线上。

这本健康小册子还包括头围（或者说大脑发育）和身长，这两项也需要定期做记录。

总的来说，新生儿刚开始会变的瘦一些——减轻7%的重量是正常的，主要是因为他们会排泄掉一堆胎便——黏糊糊的像沥青一样的黑色东西，在子宫里用来保护胎儿的肠道。绝大多数婴儿在2~3个周内重新恢复出生体重，早产儿花的时间会稍长一些，最初体重减轻超过7%的婴儿花的时间也会长些。生孩子的过程中如果服用止痛剂过晚的话，这样出生的婴儿好几天都会昏昏欲睡也不愿意吃奶。有黄疸的婴儿也会昏昏欲睡，他们需要别人的刺激才会吃奶。

如果宝宝的体重和图表不相符意味着什么

从统计数据上来看，百分位数图表代表的是在英国足月出生、已经早早断奶并开始吃非流质食物和喝牛奶的婴儿（哺乳婴儿的图表现在也有了）。如果宝宝在吃母乳、早产或者发育迟缓、他父母的个子很高或很矮的话，这份图表对这样的宝宝来说并不是那么精确。

感悟

世界健康组织最近针对母乳喂养的婴儿颁发了新的百位分数图表，如果你的宝宝正在吃母乳，请检查一下你用的是不是这种图表，你可以咨询一下卫生随访员新图表的有关事宜。

百位分数图表上婴儿体重增加的重量非常少——这里或那里只是一盎司或两盎司，所以你很容易弄错这些差别很小的数值。例如：如果宝宝在称体重前刚刚拉了一大堆便便，测量体重时他就会少一盎司。不同的天平也会有所差别，所以要检查一下卫生随访员每次使用的是不是同一个天平。

事实上是宝宝体重减轻了，还是没有增加预期的重量？如果婴儿生病了，即使只出现鼻塞的情况，他也会利用身体的能量来抵抗病毒因此体重没有增加。你还要考虑到宝宝出生后的几天内减轻了多少重量，你需要从体重最轻的那一点来衡量宝宝增加的重量，这一点很重要。

下面几个方面同样重要，你需要考虑：

★ *宝宝看起来是否满足和灵敏——他是否和你互动？*

★ *他的皮肤是否柔软滋润，如果掐一下，他的皮肤应该马上恢复原状。*

★ *宝宝的眼睛是否明亮清澈？*

★ *宝宝是否一天尿透好几块尿布（5片一次性尿片，6~8块可洗尿布）。*

★ *宝宝出生后6周之内是否频繁（一天两次或三次）拉便便，黄黄的带有母乳的甜味。*

★ *宝宝的啼哭是否响亮有力，当你照顾他时他是否马上停止啼哭。急躁或易怒的宝宝并不是真的饿了，他只是想让你明白他需要你。*

上面都是健康的迹象。如果出现了下面的情况，你应该警惕：

★ *宝宝的囟门下陷*

★ *宝宝一天尿湿很少尿布，尿液是黑色的并带有强烈的尿骚味*

★ *宝宝啼哭的时间特别长，并且啼哭声烦躁而又痛苦，或者*

★ *宝宝看起来很安静，很少啼哭。*

对绝大部分婴儿和幼儿来说，和图表上的标准体重相比，体重偶尔下降并没有什么关系。但是如果宝宝的体重一直低于预期值，你应该寻求别人的帮助。和卫生随访员或普通开业医生交谈一下，如果你还是不确定，你可以去咨询儿科医生。医生会监测一下宝宝，有可能只是说宝宝“体重增加得慢”而已。如果医生说宝宝“发育迟缓”，这种情况就比较严重，需要医疗救助。如果你正在用母乳喂养宝宝，你可以去哺乳顾问那里寻求帮助。不要使用橡皮奶嘴或其他橡皮奶头，如果宝宝很安静、睡觉的时间很长，你需要叫醒并提醒他吃奶。

为自己寻求支持

在这个阶段，你很难出门去做其他事情，但你可以寻求其他父母的支持和帮助。

在这个阶段卫生随访员应该能够给你提供有效支持，也许她还能够告诉你当地有关支持团体的情况，例如，如果你正在哺乳的话，她能够告诉你有关哺乳支持团体的消息；你用不着大费周折去参加这个团体，你只需和其她妈妈聊聊天就会有所帮助。也许卫生随访员组织或了解当地的婴儿按摩课，这种课是值得参加的，你不仅能够碰到和你的情况一样的父母，还是一种学习如何和宝宝互动的很好的学习方式。

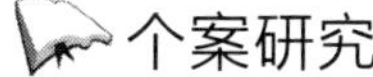

个案研究

麦琪和吉姆现在不知道如何应对他们的6周大的宝宝康纳，他好像有肠绞痛。晚上他总是号啕大哭，在白天他的情绪很不稳定，动不动就哭。麦琪和吉姆很担心但又不知道应该做什么。但是吉姆的母亲却认为，让康纳独自啼哭并不会造成什么危害，这样大人还能够得到片刻的安宁。

听起来康纳好像是一个敏感的婴儿，他这种情况有可能还会持续一段时间。这项工作很棘手，但是如果麦琪和吉姆不断地照顾和关注他，他最终会安静下来，这要比父母忽视他的痛苦让他啼哭不止快乐得多。

如果麦琪和吉姆轮流照顾康纳也许是比较明智的，这样他们能够轮流休息一会儿。他们还可以让朋友和亲戚帮忙。如果他们能够保持平静（当然很难！）也会有所帮助，因为康纳会注意到他们是否紧张。

有关新生儿的有趣事实

★ *研究人员发现当妈妈第一眼看到她们的宝宝时，她们总是评论宝宝的长相，并经常说宝宝有多像爸爸。研究人员不*

客气地指出也许这是在确保男人的父权地位。

★ 宝宝出生后还不能哭出眼泪，这种情况至少持续3周，有的宝宝一直到四五个月大时才会哭出眼泪。眼泪里含有应激激素，因此在我们受到惊吓后眼泪可以帮我们恢复平静。其他哺乳类动物都不会哭出带有压力的泪水，所以也许我们的眼泪是一种信号，紧贴着皮肤流下来。妈妈们本能地认为她们需要清理干净她们的宝宝，所以她们往往抱住孩子擦干他们的眼泪。

★ 只有几周大的婴儿喜欢看漂亮的女人。这是因为漂亮的脸蛋看起来比较协调，代表着一种典范或“原型脸”。

★ 婴儿喜欢被摇晃，我们总是本能地以心跳的速度来摇晃他们。当抱着宝宝来回走动抚慰他时，我们会放慢到和心跳一样的速度。

★ 出生时婴儿的正常体重是7磅8盎司（3.4公斤），这个值可以在5.5磅和10磅（2.5和4.5公斤）之间浮动。有记录以来的最重的婴儿于1879年出生于加拿大，重23磅（约10.5公斤）。

★ 你的宝宝的重量主要依赖于你的体形，也依赖于你的健康状况和你的配偶的体形。

★ 足月产的婴儿身长一般在45~55厘米之间，婴儿的平均身长介于两者中间。

★ 出生时，宝宝的胃只有核桃那么大，容纳不了太多东西。这就是为什么他频繁吃奶并且每一次只吃一点的原因。

★ 能够听到声音对于宝宝学习说话毫无疑问地起着不可或缺

的作用，所以宝宝出生时已经具有复杂的听力也就不足为奇。他不仅能够识别你的声音，心理学家发现刚出生两天的婴儿竟然能够从只录了一个音节的磁带中发现妈妈的声音。

★ *美国亚利桑那州的心理学家发现即使刚出生的婴儿已经初步掌握了数学和物理。他们能够区分一件、两件、三件还是四件物品，能够清楚物品是增加了还是减少了。也许他们不知道有关数字的抽象概念，但他们的确知道应该有多少苹果，例如，如果拿走了一个苹果，而剩下的苹果的数目如果出了错，婴儿就会流露出吃惊的表情。*

★ *婴儿喜欢学习，他们会因为解决了一些问题而获得无限满足。新生儿喜欢通过转动脑袋来开关灯；2个月大的婴儿发现他们能够让自己小床上的玩具蹦蹦跳跳时会高兴地咯咯直笑。*

自测练习

1. 宝宝出生后多长时间就能够识别你的气味？
2. 对宝宝来说最重要的感官是什么？
3. 这个阶段的宝宝的哪一种味蕾最强，哪一种最弱？
4. 当宝宝太热时，他会给你哪些提示？

5. 在子宫里哪一种声音传播的效果最好？为什么？

6. 你是否能够说出机敏周期的所有阶段？

7. 什么叫印度挤奶法？

8. 宝宝的第一次测试是什么？

9. 百位分数图表里的“百位分数”是什么意思？

10. 这个阶段的宝宝是否能哭出眼泪？

答案在第263页。

第3节

婴儿变得活跃起来——6周到6个月

在本节你将会学到：

- 婴儿怎样控制他的身体来开始操纵物体
- 婴儿能够表达情感的同时也能够理解别人的情绪
- 在应对宝宝的情绪时你起着关键的作用
- 在此阶段婴儿如何进行交际

对许多父母来说，在此阶段他们第一次爱上了他们的宝宝——这不足为奇！第一次的微笑、第一次的咯咯笑、他们的牙牙学语——这个阶段的宝宝非常可爱。

婴儿的身体发育

在此阶段的发育过程中婴儿还是不能够挪动身体，但是他会取得令人吃惊的成就，在观察并帮助他完成这些壮举的过程中你会感到非常陶醉。

使用双手

在这个阶段，抓握反射逐渐消失，取而代之的是宝宝越来越能够有意识地和物体互动。

为了能够真正地开始玩玩具和探索周围的世界，宝宝需要协调好看东西、够东西和抓握东西之间的行为，这些行为在这个阶段会变得成熟起来。这些技能需要宝宝花时间来巩固，但是他练习得越多，就能越早掌握它们，而你的参与能够给宝宝提供一些帮助。

在前几周宝宝可能会玩放在他手里的物品，他有可能来回地摇晃拨浪鼓并喜欢倾听它发出的声音，但他还不能够一边玩耍物品一边欣赏它，所以他对物品的使用相当有限。

3个月大时，也许他已经能够把自己的两只小手握在一起、注视它们并玩弄手指，但他还需要好几个月才会协调好这些技巧，才能够看到一样东西后伸出手臂抓住它，当然这样东西必须放在附近他才能够抓住。即使当他能够完成这种协调动作时，他只能够用拳头抓住东西；他以后才能学会用手指头抓东西，所以他能够抓住的东西还是有限的。

★ *每天花一些时间让宝宝坐在你的大腿上，在他面前拿着不同的物品，距离要足够近让他能够看到并去抓它。看看他是不是有抓这些物品的冲动——可能他要过一段时间才会产生这种冲动。*

★ *在他面前拿着东西来回移动来帮助他锻炼视距追踪能力。*

★ *把不同的物品放到他的小手里，让他理解它们是做什么的：试着玩玩拨浪鼓、软体玩具、铃铛和纸团等。*

★ *在他的小床上绑上能够移动的物品，上面悬挂不同的东西——黑白相间的圆圈不错，但你还可以试着悬挂带有其他颜色的垂饰，各种形状的物品、风铃和其他物品。（但如果你想让宝宝睡觉，就要避免过分刺激他。）*

这个时期变成熟的还有他对物品的理解力（请阅读第3部分第2章第1节）。这一时期的大部分时间宝宝还无法理解他看不到的物体会继续存在。6个月大时，他将会掌握这个概念，这个时候一个使他非常着迷的游戏可以开始了：往地上丢东西然后观察爸爸妈妈重新捡起它！

★ *如果你不介意一遍又一遍地把玩具递给宝宝，你这样允许他促成一些事情的发生实际上是在让他掌控世界。告诉自己正在帮助宝宝进行智力方面的发育。*

★ *但是这种往地上丢任何东西的倾向往往惹来一些麻烦，所以如果你不想在外面来回寻找珍贵的玩具的话，在你带宝宝出门时最好是让他坐在婴儿车里或汽车座位上往下丢东西。*

控制身体

这一段时期是兴奋与沮丧并存的时期，宝宝逐渐控制他的身体。6个月大时，他可能已经能够坐立好长一段时间。你要意识到有这么一段宝宝想坐起来但总是东倒西歪的令他沮丧的时期。在此期间，你可以用多种方式帮助他：

- *用靠垫围住宝宝或把他放到婴儿小窝里让他坐一会儿。*
- *然后你可以换成弹跳器。*
- *然后你用背带让他脸朝外背他一会儿。*
- *在宝宝爱踢腿的时期让他每天仰面朝天躺一会儿。*
- *不要忘记每天让他趴一会儿。*
- *推着婴儿车带宝宝出去散步。*

开始了解对方的情绪

即使婴儿刚出生，他们已经能够让我们明白他们的感受。刚开始，婴儿只是会感受到广义上的积极或消极的情绪状态，当成年人对他们做出回应后，他们就开始理解、加工和交流这些情绪。在某种程度上，情绪是他们的第一语言。但是，宝宝的情绪状态控制得如何要取决于你。

在宝宝刚出生的几周里，妈妈们往往说她们能够区分自己的宝宝是高兴、吃惊、害怕、生气、感兴趣还是感到疼痛。当然情境能够帮上忙——如果宝宝刚刚经历了美好的时刻，我们可以安全地说他很快乐；但是看起来婴儿也能够通过脸部表情和身势语表达不同的情绪。唯一难区分的两种情绪是生气和疼痛，你在宝宝脸上看到的好像只是悲痛，但在他6个月大时，你将很容易区别它们。

婴儿同时也知道我们的感受。他们能够监测我们的语调，例如，你微笑着面对宝宝，却用受到惊吓的语调对他说话，反之亦然——说话时带着快乐的语调但你的表情惊慌，你有可能发现宝宝变得特别焦虑，他不知道应该对哪一种情绪做出回应。宝宝刚刚10周大时，也许你会注意到如果你看起来高兴或生气，宝宝也会看起来高兴或生气。

在这个阶段有可能发生的事情是宝宝会仔细盯着你，他想弄清楚你的感受，这样他就能够知道该如何对你作出回应，心理学家把这种行为叫做“社会参照能力”。这就是当你自己感到紧张不安时很难哄好啼哭的宝宝的原因之一。

宝宝大约七八个月大时，他开始“认生”（看第3部分），如果有陌生人出现他将会看你有何反应，并从你的反应中得到暗示。如果你看起来很放松，宝宝就变得不那么害怕。

婴儿有什么感觉

婴儿不能够控制他们的情绪。额叶皮质是大脑的一部分，它能够让我们使事情合理化，只有在婴儿出生后才开始发育（参照

第3部分第1章第1节）。

婴儿在她们的额叶皮质发育之前，他们的情绪和我们成年人相比更原始、更直接。他们经历的是痛苦或知足这样的广义情感，一点儿都不复杂。

如果你想深入了解宝宝的大脑，就请想一想当你突然受到惊吓和肾上腺素激增时你有什么感觉：你吓了一跳，毛骨悚然，心脏开始砰砰直跳。这时你的额叶皮质开始起作用，它会告诉你“不要担心，只是气球爆炸而已”，你可以感觉大脑的理性部分正在使你平静下来。但对于婴儿来说，除非父母通过让他们感到安慰的动作做出回应，他们的或打或逃反应依然处于活跃状态。他们无法使自己变得理性。我们已经提过，除了特别的创伤性的经历，你一旦让他们平静下来，他们就会忘记刚才让他们心烦意乱的事情，他们还不能够继续去思考它，根本不可能回忆起过去发生的糟糕的事情。

感悟

宝宝啼哭时你会感觉束手无策，尤其在你不确定他想要或需要什么时。在你知道下面这个事实后你是不是会变得稍微平静些了呢：事情一结束，就宝宝而言，这件事已经能够被他丢到爪哇国去了。

怎样使婴儿平静下来

观察一位经验丰富的妈妈抱起她的宝宝，你会发现这位妈妈在使用一项非常有效的策略，妈妈自己可能都没有意识到它，那就是通过模仿宝宝的情绪，然后引导他脱离这种情绪。

宝宝啼哭时，妈妈会说些安慰的话，并且这些话的声音与宝宝啼哭的声音相匹配以此来吸引宝宝的注意。妈妈的脸会模仿宝宝痛苦的表情。宝宝一旦注意到这一点，妈妈会慢慢把声音放低，放松她的面部表情一直到两者都平静下来。这种模仿并夸大宝宝情绪状态和面部表情的做法，“给我看看我的感情”，叫做“心力回馈”。

你也可以使用这种非常有效的技巧：

- *抱着宝宝让他看到你的眼睛。*
- *用平静的语气大声向他说话直到吸引他的注意力。*
- *轻柔的摇晃有助于吸引他的注意力同时让他感觉舒服。*
- *让他知道你了解他的感受。*
- *他一旦看你，放低你的声音，开始向他微笑。*

婴儿为什么啼哭

婴儿不能控制他们的情绪状态，但他们拥有一些“武器”来确保我们乐意帮助他们。首先，他们看起来非常讨人喜欢，我们会情不自禁地把他们举起来并抱一抱他们。他们又大又圆的额头和眼睛、小小的鼻子是所有的哺乳类生灵根深蒂固的特征，漫画家一直在开发这种特征——下一次观看动画片时，看看艺术家怎样夸大了婴儿的特征来增强喜剧效果。

其次，当婴儿情绪失常时，他们就会啼哭，他们的啼哭是非常强有力的信号。他们总是用和他们的体型不相称的音量恸哭。实际上，如果他们的啼哭按比例放大到成年人的比例，其分贝会和风钻的分贝相当。

啼哭是如此强大的工具，以至于父母尽量避免这种噪音，在宝宝的反应烦燥升级为啼哭之前就会积极对他们发出的信号做出回应。如果父母已经花了一段时间了解宝宝，他们只需过一会儿就会注意到他们的宝宝在啼哭之前发出的需要得到帮助的小信号。嘴角反射是在告诉他们宝宝需要喂奶；愁眉苦脸、扭动身体、揉眼睛和不再和他们进行眼神接触是在告诉他们宝宝需要休息。有一些婴儿受到过分刺激时会吐奶。

感 悟

你需要花一段时间了解宝宝才能做到和宝宝心有灵犀，这样做非常值得。因为如果父母对宝宝的需求能够迅速做出回应，这样的宝宝年龄大一些时很少啼哭。

宝宝发出的需要休息的信号

请记住并不是所有的宝宝都会释放下面所有的信号，但是如果你熟悉了这些信号，知道它们是宝宝将要哭闹和啼哭的前奏，你就可以把它们当作宝宝需要休息和你需要对宝宝减少刺激的信号：

★ *扭脸、愁眉苦脸。*

★ *避开眼睛，闭上眼睛。*

★ *吐奶（吐出一小部分牛奶）。*

★ *把拇指放入嘴里。*

★ *把脑袋转开，扭动身体。*

婴儿体内的压力荷尔蒙

如果有好长一段时间你的情绪一直亢奋，无法使自己平静下来，这说明你有压力。如果我们的压力比较大，血液中的荷尔蒙皮质醇的水平就会出现上升。

婴儿出生后没有什么压力，在出生后的几个月，只要成年人接触、抚摸和喂食他们来保持他们皮质醇的平衡，他们的皮质醇水平往往维持在较低的水平。但是婴儿的这种不成熟的系统很不稳定，反应特别强烈。如果得不到大人的帮助，他们的皮质醇的水平会急剧上升，而他们自己无法把皮质醇降低到原来的水平。

如果父母对宝宝的啼哭放任不管，这种婴儿的血液中往往含有高水平的皮质醇，现在已经有证据表明婴儿早期如果有太多的皮质醇会影响大脑的发育，这样的婴儿长大成人后往往缺少应对压力的能力。

睡眠能够降低皮质醇水平，这就是一直啼哭的宝宝最终哭着睡着的原因。他们这样做是需要让上升的皮质醇降低到原来的水平。因此一些睡眠书中提倡的“受控制的啼哭”——放任宝宝啼哭——确实管用，但是却以一个更紧张不安的宝宝为代价。当然这种事情如果只发生一次的话，宝宝会自我恢复；当父母把它作为长期策略使用来“帮助”他们的宝宝时，问题就会变得严重。

婴儿为什么变得紧张

有一些婴儿比较敏感，比别的婴儿需要更多的呵护。有些宝宝在子宫里就开始紧张；孕妇如果在怀孕期间比较紧张或抽烟，她们生下的宝宝有可能神经兮兮，但还有一些婴儿为什么紧张并没有什么原因。如果你的宝宝比较敏感，只要你坚持回应他，努力安慰他，他会及时成长为一个性格平和的宝宝，比那些父母没有做出回应的宝宝啼哭的次数要少得多。

这并不是说啼哭会给宝宝带来压力。啼哭是一种健康的机制，它能够提醒父母潜在的危险情境。压力只有在得不到释放，在婴儿没有得到父母的干预而放任啼哭的情况下才会给婴儿带来伤害。

有趣的事实

胎儿能够体会妈妈的感受！

在一项研究中，研究人员要求孕妇带上耳机倾听不同类型的音乐，同时利用超声波测量胎儿的活动情况。结果发现绝大多数胎儿在播放音乐时变得活跃，尤其当他们的妈妈正在倾听她喜欢的音乐时。

令人不可思议的是胎儿根本听不到音乐；只有他们的妈妈能听得到，因此胎儿是在对妈妈对音乐的情绪反应做出反应。

有一些婴儿在此阶段仍然经常啼哭——一般认为肠绞痛在宝宝6周大时最严重，3个月大时消失不见，但是有一些父母有可能继续经历一段难熬的日子，有一些婴儿依然很难缠。但是，你会相对容易发现宝宝需要什么，同时，宝宝开始理解在他啼哭时会有什么事情发生，所以宝宝5个月大时，他会更多地故意啼哭。典型的情景是：他啼哭，停下来听听你是否正在过来，重新啼哭。因为过去你对他的啼哭做过回应，所以现在他知道能够等到你的回应，现在他也已经能够更好地告诉你他需要什么。在此阶段你要做的主要事情是在宝宝啼哭时做出回应，同时你还要知道延迟满足过一段时间才会产生，如果宝宝的需求在此阶段得到满足的话，长大一些时他会相对容易接受等待。

感悟

关于这种新知识的伟大之处在于，它进一步证实了父母自然而然想做的事情。现在我们已经知道放任宝宝啼哭对他们有害，绝大部分父母会本能地希望安慰宝宝。放任宝宝啼哭的这种过时的建议是建立在对宝宝需求的误解的基础上的。

爱交际的婴儿

在宝宝很小时，他就非常喜欢发出元音，咯咯作声。他已经在训练将来用于说话的声音。但是，语言不仅仅用来命名，语言用来交流，将来有一天，宝宝将要参与到谈话中。

6周大时，他开始练习说话所需的嘴唇和舌头动作，也许他开始咕咕作声来回应你的声音，再过几周，他会认认真真地牙牙学语。很快他会通过扭动身体、牙牙学语来吸引你的注意，他很喜欢"观看谈话"，也就是说你和宝宝彼此做鬼脸，彼此模仿表情，做"躲猫猫"的游戏，这些游戏也是进行谈话的先兆。

婴儿的前语言期在这个时期发展迅速。3个月大时，宝宝一听到你的声音就会和你搭讪，6个月大时，他开始发出你可以识别的声音和诸如"大-大-大"或"妈-妈-妈"的双音节。

感悟

参与这些谈话非常值得，因为这些谈话对宝宝的社会发展和他学习说话起着至关重要的作用。下面有一些歌唱游戏，你可以选择一些游戏和宝宝一块儿参与。

微笑

在此阶段，宝宝看东西的能力进步很大，6个月大时，他能够看到你能够看到的东西。当他学习看东西和感知更多细节时，同时他需要更多的细节。举个例子，在刚出生后的6周里，他会对简单的和人脸有些相似的圆点或图案微笑，10周大时，他需要更多的细节，在只看到眼睛时他还是微笑，但在12周大时，他就会需要你的整个脸，尤其喜欢咧开的嘴巴，最终30周大时，他只对特定的认识的脸微笑。

★ *在此期间，确保把东西放在宝宝能够看到的地方，例如，在前3个月你需要靠近他，他才能够凝视你（大约30厘米远）。*

★ *在此期间观察他的笑容如何变得越来越具有识别性，到6个月大时，他只会把这种社会性微笑保留给你。*

婴儿在早期对绝大部分物体微笑，6个月大时，他主要对人脸微笑——这是真正的社会性微笑。从现在开始，你会发现宝宝在不同的情况下会出现不同类型的微笑。看到你时，他的脸上会现出专为家人和熟悉的人保留的高兴的微笑，这时他的整个小脸神采飞扬，眼睛闪闪发光，并且双肩高兴地往上耸。当他成功地促使什么事情发生时，他就会开心地微笑。他还会出现被逗乐的微笑，这种微笑在大约4个月大时会变成咯咯大笑。

宝宝遇到的第一次玩笑总是和一位信得过的大人分享的，常常来自于挠痒痒或大人发出的嘘嘘声。宝宝几乎受到了惊吓，但由于是亲爱的妈妈或爸爸做出的吓人的动作，并且他们脸上还带着笑容，所以他知道自己是安全的。宝宝受到惊吓后本来要哭结果却变成了咯咯大笑。我们相信成年人的幽默也经常和恐惧有关，这起源于这些最早的玩笑。

宝宝第一次的咯咯笑确实不同寻常。宝宝会因为我们做的同一类型的事情大笑——傻乎乎的、出乎意料或者有点让人害怕但不具有威胁性的事情都能让宝宝咯咯笑。你一旦逗得宝宝咯咯笑，你会渴望宝宝一而再再而三地咯咯笑。

识别人脸

新生儿喜欢看有图案的物体，不喜欢看素色的物体，他们年龄越小越喜欢简单的图案。

因为在这个年龄段他们还不能理解细节。他们喜欢的图案绝大部分和人脸接近。

人类长期以来一直认为目光接触有其特殊性。凝视一个人的眼睛会造成强烈的情感反应，有可能是爱、生气或者恐惧，要做到没有什么情感是不可能的。瞳孔的大小对人类来说是一个重要的非语言信号。如果有人看你时他的瞳孔放大，这是一个不错的迹象，这表明他发现你有吸引力，但如果他的瞳孔变得特别小，这也许意味着你该离开了！同样有趣的是，婴儿刚出生后他们的瞳孔就会放大，以此来吸引大人的注意。

进化心理学家认为专注于目光接触是我们人类与生俱来的，并慢慢演化，在我们的先辈聚集狩猎时需要进行无声交流的时候变得特别有用。

我们知道新生儿出生几天后就能够识别妈妈的脸，他们是如何做到这一点的呢？实际上，当妈妈围上头巾只露出脸上的特征时，新生儿无法区别开妈妈和与妈妈长得很像的妇女，但当妈妈去掉头巾时，他们就能够做到这一点。刚开始宝宝依赖于你脸部的外边界来识别你；所以当你换了头型或带了一顶帽子后，宝宝面无表情地看着你时你不要感到奇怪。但是我们知道新生儿也能够识别脸部表情，因此他们能够对脸上的特征做出回应，但是只有当这些脸部表情有变化时才可以。

有趣的事实

专注的目光——救命，我动不了了

你会看到一两个月大的婴儿有时会长时间地凝视一样物品，然后他们看起来变得很苦恼。发生这种情况是因为他们的目光无法离开这件物品；心理学家把这称为专注的目光。之所以出现这种情况是因为他们的视觉皮层正在发育完善，他们的眼睛不再专注于视觉边缘，但有时候这样长时间看一样东西会让他们受不了，结果他们变得很苦恼，但这也意味着婴儿可以长时间地凝视你，这经常是父母感觉爱上他们的宝宝的阶段。

与婴儿互动

婴儿出生后就能够对各种声音作出回应，但他们尤其注意调门高的声音（像妈妈的声音）。所以，你必须要一直和宝宝说话——这样可以促使他开始向社交活动迈进。刚开始，你可能感觉傻乎乎的——试着持续评论你正在做的事情："看看，我正往洗衣机里放衣服……你是不是有很多脏衣服……不到一分钟洗衣机就会发出嗡嗡的响声……"一旦你这样做了一段时间，你就会变得不那么难为情，尤其是当你看到宝宝酷爱你这样做时。

在此阶段唱童谣或说童谣能够鼓励宝宝寻找话语模式并作出回应。你一边和宝宝说话，一边注意他所有的反应并吸引他来参与。模仿宝宝发出的声音，根据你的理解把它们转换成语言。例如，当他一边看你一边发出“喔喔”的声音时，也许你可以回答“喔喔，你好。你是不是在说你好？是的，宝宝你好！”

在此阶段，宝宝对人很感兴趣，但是由于他还没有掌握看不到的事物依然存在这个概念（客体永久性——看第3部分第2章第1节），所以他无法理解他只有一位爸爸和妈妈，他们有时来有时走，他也无法理解其他的他认识的或不认识的人继续存在。一旦他意识到这一点，他会越来越害怕和父母分开，会出现怕生的情况，但现在他和谁待在一起都没大关系。

所以现在是把他介绍给许多人的好时机，尤其是将来的保育员、医护人员等。如果将来你需要别人照看宝宝，你现在就要开始让宝宝与别人短暂相处，这样做非常值得，在你确实需要他们照顾宝宝时，宝宝已经认识并熟悉他们了。

与宝宝一起玩的游戏

挠痒痒游戏

用你的手指在宝宝的手心上画圈圈，同时说：

“泰迪熊绕着花园走。”

现在用你的手指抚摸宝宝的手臂一直抚摸到他手臂的内侧，

然后说，

“一步，两步，”

在你的手指到达他的腋窝时，边说边做：

“挠痒痒了！”

脚趾头游戏

从拇指开始，依次摇晃宝宝的每一个脚趾，摇晃最后一个脚趾后，你用手指在宝宝腿上一点点往上挪动，然后在他的肚皮上挠痒痒。

小猪去了市场。

小猪在家待着。

小猪有烤牛肉。

小猪一无所有。

小猪走呀走，

一点点，一点点，一点点，

小猪走在回家的路上。

拍手游戏

握着宝宝的手拍手。读到第三行时，在他的手心挠痒痒并画一个B的形状，读到第四行时，亲吻他的小肚皮。

做蛋糕，做蛋糕，面包师

尽快给我烤一个蛋糕

拍平它，刺破它，并做一个B的标志

替我和宝宝把它放进烤箱里！

发育检查

6~8 周的检查

社区保健员在宝宝6~8周大时会给宝宝做健康检查。这种检查属于普通开业医生给宝宝做的检查的补充部分，宝宝接受这种评估很重要，因为它可以用来发现早期疾病。例如，除了例行的体重和发育检查，社区保健员还会测试宝宝的听力和视力，心脏和肺，还会检查髋关节是否移位，并确保男婴的睾丸已经正常下降。如果在此阶段发现了问题，这些问题往往能够治愈。社区保健员还会告诉你宝宝的免疫接种规划的事情。

在见到社区保健员之前把所有的让你担心的问题列出来是一个不错的主意。

宝宝的发育

一般而言在前6个月宝宝每个月身高会增加1英寸（2.5厘米），头围增加半英寸（1.25厘米），体重每周增加4~8盎司（113~226克），5~6个月后他的体重增加一倍。这些数据是平均值，所以如果宝宝一周一周的发育没有规律是很正常的。

母乳喂养或人工喂养——两者有区别吗？

母乳喂养的婴儿和人工喂养的婴儿的发育速度有所不同。一般而言，母乳喂养的婴儿刚开始体重增长快一些，然后变得瘦一些和轻一些，但是人工喂养的婴儿在这个阶段会变得重一些。如果你正在儿童健康记录书上绘制宝宝发育的图表，你要意识到针对母乳喂养和人工喂养的婴儿有不同的图表。但是，母乳喂养的婴儿的身高和头围的发育和人工喂养的婴儿的发育应该是一致的。如果你的宝宝体重增长过多或过少，一定要和卫生随访员探讨这件事，这一点很重要。

感悟

母乳喂养的婴儿超重的情况很罕见，但假如你家宝宝出现超重的情况，你让他节食是不明智的；当他变得越来越爱活动时，他的体重就会减轻。人工喂养的婴儿如果看起来特别胖，他就需要更换奶粉牌子和用量，这一点你需要咨询卫生随访员。

英国国家医疗服务系统当前遵循了世界卫生组织的建议，不到6个月大的婴儿不能吃固体食物，这项建议建立在近年来大量研究的基础上。婴儿的消化道发育还不成熟，在6个月之前还不能消化除了乳状物以外的食物，如果让婴儿吃了固体食物，过些时候会引起健康方面的问题。如果宝宝看起来比以前要饥饿，也许这个问题只是暂时的，例如，他可能生了病或者正在长牙。咨询母乳喂养顾问或卫生随访员来获取更多的帮助。

为自己寻求支持

在此阶段寻求对自己的支持很重要。你可能需要在家里一天24小时陪伴宝宝，虽然你很喜欢宝宝，但是你还需要成年人的陪同。试着与你以前在产后支持团体、孕妇团体、幼儿团体和宝宝按摩课堂上见过的人碰碰面。现在走出家门会变得稍微容易一些，你可以在家以外的地方和别人见面，例如，在公园里散散步或一块儿去逛逛当地的购物中心。环境的变化也能够刺激你的宝宝。

也许你喜欢带宝宝去参加当地的母亲和幼儿团体。虽然宝宝不能够四处活动，他会喜欢观看幼儿，并且那里还有大量玩具，其中还有适合不会挪动身体的婴儿的玩具。你的居住地有很多母亲和幼儿团体，它们的经营理念大不相同，因为这些团体一般是自发组织，由有一些空闲时间的父母建立和维持。比较好的团体有一系列的玩具，包括如积木之类的建筑玩具、模拟厨房之类的模拟玩具和好的化妆盒等。这些团体还应该有绘画颜料、橡皮泥和其他富有创造力的玩具，以方便孩子们玩耍。有一些团体在最后还有歌唱环节。

个案研究

戈登和希瑟注意到他们6周大的宝宝戴安娜的喜怒哀乐。她喜欢听许多背景噪音：音乐、电视、真空吸尘器或听父母谈话的声音。如果屋子里过于安静她就开始哭泣。她看起来不喜欢特别明亮的光线，讨厌洗澡。她的爸爸妈妈不知道该不该让家里响着这些噪音，还是应该让戴安娜习惯安静的环境。

戈登和希瑟已经找到了抚慰戴安娜的策略，这很了不起。有许多婴儿和别的婴儿相比更喜欢某些类型的信息输入，父母需要过一段时间才能发现他们的宝宝最喜欢什么。还有一点你值得记住，子宫是一个非常嘈杂的地方：来自于希瑟的心跳的隆隆声、来自于循环和消化的哗哗作响的噪音——这些噪音到达子宫时显然能够达到70分贝，所以戴安娜由于寂静而心绪不宁也就不足为奇。这也许能够解释出生于有噪音的环境中的第二个婴儿为什么更平静，因为家里有一个幼儿四处乱跑。

用不着担心如何让她适应安静的环境。随着对子宫记忆的淡化，她对让她想起子宫的刺激物越来越不感兴趣——与此同时，戈登和希瑟可以使用一些不错的策略在宝宝烦躁不安时抚慰她。

有关婴儿的有趣的事实

- *最初宝宝吃奶时总是闭着眼睛，不能够同时专注于两件事情，到3个月大时，他就能做到一边吃奶，一边睁大眼睛看着你。*
- *有人估计如果婴儿以他1岁内的身高增长的速度继续增长的*

话，到他成年时他就会长到纳尔逊纪念碑那么高。

- 婴儿可能在5~7月间长出第一颗牙齿。流口水和红脸颊经常是长牙的第一迹象，有可能在婴儿长牙之前的几周就会出现。长出第一颗牙后就要开始给宝宝刷牙。
- 刚出生时，宝宝需要花5~10分钟来适应新事物，3个月大时，他只需花30秒~2分钟的时间，到了6个月大时，宝宝不到30秒就能适应新事物。
- 接吻起源于原始的断奶。在搅拌机发明之前，我们总是嚼碎宝宝的食物，然后通过我们的嘴巴送到宝宝的小嘴里，就像接吻一样。
- “接吻来提供安慰”是一个古老的传统，象征着吸出造成疼痛的邪恶力量。
- 父母在和宝宝说话时本能地使用低调的韵律来吸引和保持宝宝的兴趣，心理学家把这种语言成为“妈妈语”。当你使用妈妈语时，宝宝会通过强烈的反应来教你如何使用这种语言。有很多童谣有相似的特点。例如，几乎所有的语言都有类似于“汉普蒂邓普蒂”之类的韵律，也就是说，一节四行，每一行有四拍，并带有歌唱的特点。试着给宝宝唱一些童谣，看看他有什么反应。
- 婴儿生下来就嗜好甜食，母乳很甜（比牛奶要甜得多）。这也许能够解释为什么我们成年人在感觉生病或痛苦时会喜欢喝甜的热饮料。

自测练习

1. 婴儿为什么喜欢往地上扔东西？

2. 什么叫社会参照？

3. 什么叫皮质醇，为什么有关联？

4. 宝宝的眼睛有什么特殊之处？

5. 子宫里噪音的音量有多大？

6. 如果宝宝以他现在的增长速度增长的话，到了成年期他将会有多高？

7. 什么叫心力回馈？

8. 大家认为接吻起源于什么？

9. 你需要做什么来帮助宝宝控制他的情绪？

10. 母乳喂养的婴儿和人工喂养的婴儿是否按照相同的速度发育？

答案在第264页。

第4节

顺从的婴儿——6个月到学步期

在本节你将会学到：

- 在此阶段宝宝激动人心的身体发育情况
- 怎样帮助宝宝学会说话
- 为什么宝宝担心和你分开

对许多父母而言，此阶段在整个婴儿期是他们感觉最容易度过的阶段。宝宝可以坐起来，大约9个月大时，他能够用手指和拇指抓住东西，所以他擅长玩玩具，同时也能够用手指指东西。许多父母并没有真正注意到宝宝什么时候具备了这种能力，但是学会使用拇指是人类和其他类人猿区别的最重要的进化发展之一。

现在宝宝对你和所有的直系亲属具有强烈的情感，但这也意味着他讨厌分离，同时也意味着他害怕陌生人。如果从正面的角度来看待这个问题，发生这种现象的原因之一在于宝宝已经学会了和一两个人进行交流的技能，他害怕失去这种技能，他正处于将要能够和许多人交流的边缘。宝宝能够指东西标志着他将要开始掌握大量单词，因为这时你开始和宝宝探讨周围的世界。

身体发育的里程碑

婴儿半岁后，他的体重增长的速度开始有所下降，现在每周他会增加3~5盎司（85~142克），每个月身高增加半英寸（1.3厘米），头围增加四分之一英寸（0.6厘米）。但是，你可能会发现自己现在不太关心他的体重，你需要考虑宝宝吃固体食物带来的其他的事情，同时他的运动发育——怎样挪动身体，什么时候开始挪动身体——可能是你在这个阶段主要关注的事情。

7个月大时，宝宝对手指的控制变得复杂起来，他能够用拇指和食指抓住东西。这是宝宝实现的最激动人心的发育之一；单独使用拇指是一项能够把我们和其他动物区分开的主要技能，因为这样我们才能够使用工具。宝宝现在能够捡起细小的物品。让他练习抓手抓食物，避免可能让他窒息的食物。经过几个月的发育，他能够控制他的每一个手指，能够用食指戳东西，用拇指和食指抓住物品的姿势也由最初的剪刀型发展到明确的指尖抓握形。

在此阶段你要让宝宝尝试固体食物，你可以将断奶和宝宝控制手指能力的发育合二为一。重要的是宝宝需要适应不同的口味和成分，同样关键的是宝宝需要控制自己的饭量，这样才能学会识别他的“饱食信号”——也就是说，他知道自己什么时候已经吃饱，不再进食。如果宝宝没有学会识别这种信号，日后就很有可能变得肥胖。让宝宝学会这一点的比较理想的方式就是给宝宝许多不同的手抓食物，让他自己选择食物吃。这样的话，他就能够控制自己的胃口，同时也在练习他控制手指的能力。也许宝宝很快能够得心应手地喂自己食物，即便如此，在宝宝吃东西时你千万不要离开他半步。

一顿样本午餐可以包括三明治、胡萝卜或黄瓜棒、奶酪或火腿块、苹果段、从中间切开的葡萄和煮意大利面片。

在此阶段宝宝会经常指东西，这很重要，你对他指的东西进行介绍也非常重要。你还可以和宝宝一块儿指书上的东西，在宝宝指东西时，你一定要回应他，告诉他名字然后介绍一些相关的情况。

感悟

在宝宝出生后的几个月，也许你担心他的体重增长得是否足够多，现在他开始吃固体食物了，也许你发现自己又在担心他的体重是否增长过快！如何能够最好地给你的家人提供营养，这种焦虑的心情会一直留在你的心头，但是只要你努力为家人提供含有尽量多的新鲜自然佐料的饭菜，你已经尽力而为。可能有一段时间宝宝变得很胖，又可能有一段时间宝宝变得很瘦，这和他的活动量有关。

宝宝8个月大时能够独立坐起来，还可以往前探身子去拾玩具。趴着时，也许他还会发现踢腿可以让他挪动，只不过刚开始他总是向后挪。

- ★ *你可以把一样物品放到宝宝够不着的地方，以此来鼓励他往前爬。*
- ★ *考虑一下宝宝爬行的地面，例如，宝宝在地毯上会比在木地板上爬得快，因为木地板比较滑。*

开始挪动身体

婴儿最大的不同看起来是年龄和他们开始挪动身体的方式。有一些婴儿用四肢爬行，有一些在房间里打滚，还有一些用小屁股挪着走。有一些证据表明爬行的婴儿要比用屁股挪动的婴儿走得早一些，但是要说在这些动作方面你能够指导宝宝还是值得怀疑的。最好放任不管。

调查研究

有一位研究人员发现受到训练的婴儿和其他婴儿相比走得会早一些，但是其他研究人员没有发现相同的研究结果。让宝宝使用学步车会延缓他开始爬行的时间，并且每年总会发生学步车造成的意外事故。所以如果你本来打算用学步车教宝宝走路，还是不要购买为好。

宝宝大约12个月大时，借助你的帮助他可以站起来。慢慢地他会从坐着的位置把自己拽起来，直到最后他能够独立站起来。

在他尝试时，他会突然跌坐在地，这也是宝宝使用尿布的好处之一。

★ *整理一下家具以方便宝宝在房间里四处挪动，这样做有助于他训练行走技巧。*

★ *宝宝一旦开始走路，你不要急着给他买鞋子。直到宝宝对走路有信心，在外面走路需要保护小脚时他才需要穿鞋子。在家里，给他穿防滑袜子或者最好光着小脚丫。*

定规矩

宝宝一旦能够挪动，即使在他学会走路之前，房间里所有的物品都不安全，你需要把珍贵的物品放在宝宝够不着的地方，甚至收藏起来放好几年。宝宝生性好奇，这一点很重要，你用不着一天到晚阻止并警告他不许碰这不许碰那。你可以有选择性地让宝宝触摸一些物品。我们刚才已经说过，你需要定规矩，对有些东西你必须说“不”——例如，插头和家用电器，但是你要记住他现在还不会调皮，他只是在探索世界，所以尽量不要生气。千万不要让宝宝和具有潜在危险性的物品单独待在一起。

★ *宝宝能够理解“不”的意思，但他意识不到“不”具有永久性；他只是认为“不”是暂时的。*

帮助宝宝培养独立性

当宝宝可以挪动时，他会在爱冒险、勇敢和害怕、迟疑不决这两种情感之间摇摆不定。你将成为他的试金石。他会从你身上得到暗示，把你视为安全的港湾。你要鼓励宝宝培养独立性，例如给他演示如何拿勺子和如何使用杯子等。

感悟

你可以考虑布置一下房子，能够让宝宝拥有自己的空间，同时还能锻炼他的责任心。例如，你可以给他一个较矮的衣帽钉让他挂自己的外套，给他一个书橱让他放自己的书等等。

在此阶段宝宝能够在夜里安心睡觉，但我们不能确保他是否真的会这么做。有许多父母依然在经历骚动不安的夜晚，并且有可能持续到来年。有一些婴儿，前些阶段的睡眠情况一直很好，但是到了这个阶段他们晚上突然不能安心睡觉。导致这种情况的原因之一在于分离焦虑。婴儿不到6个月大时还无法意识到虽然你不在他身边，但你依然存在，但是现在他已经掌握了这个概念，这意味着当你离开房间时他就会变得惊慌不已。这能够解释为什么有许多婴儿尽力拖延睡眠时间或很难入睡。你要给宝宝足够的安慰，但是要坚持遵循相同的睡眠时间，保持一致性，通过这些手段帮助宝宝度过这个时期。如果你总是变来变去或丢掉先前所有的抚慰宝宝的努力，他就会认为睡眠时间无关紧要，他可以随心所欲地晚睡。在此阶段他看起来不管精力有多么充沛，他还是需要充足的睡眠。

理解周围的世界——发展自我意识

婴儿和成年人有很多不同，其中的一个在于婴儿理解自己、其他人和周围世界的物体的方式。在前6个月，他们必须尽量把世界分解成不同的人和不同的物体。最初他们不能分辨事情从哪里开始，又在哪里结束。宝宝无法知道你是一个有别于他的另外一个人，他不能够理解在看不到你时你依然存在，他也不知道他无法看到的物体或听到的声音依然存在——就他而言是"眼不见心不烦"。

但是在现在这个阶段，宝宝已经掌握了"物体恒常性"这个重要的概念，开始理解物体依然存在（参看第3部分第2章第1节）。这就是为什么他特别喜欢把东西丢在地上让你再找回来的原因。看起来好像是他让这些物品一会儿消失一会儿出现，而以前他意识不到这种情况。现在他已经理解你永久存在，独一无二，可以来可以走，在他看不到你时你依然存在。这是为什么当你消失时他会变得心烦意乱的原因，但在以前他没有因此而烦恼过。以前虽然他爱你，但这种爱与他对自己的感情和他对发生在他身上的事情的反应有关。婴儿需要过5~6个月才会真正地把你当做一个特殊的人来依恋，现在他会特别害怕你——对他来说最重要的人——可能消失。他现在知道如何与你交流，你明白他需要什么和思考什么，而失去你会让他变得惊恐万分。此外，如果有陌生人接近，但他不知道如何与这位陌生人交流，他还没有与这个人形成交流默契感，所以他会变得焦虑。

感悟

这种分离焦虑和它的另一面——害怕陌生人——是绝大多数婴儿都要度过的阶段。实际上这是件好事，它在告诉你宝宝有信心和你交流，他认为你会陪着他并照顾他。

这个阶段很快就会过去。在此期间，当宝宝遇到陌生人时你要温柔呵护他。如果一切正常，你和这个陌生人谈话并保持微笑，要求他等一小会儿再接近宝宝或与宝宝直接互动，这种做法更具有积极性。在此期间，宝宝会仔细观察你有什么反应，如果你看起来很积极，那么他就会更愿意接受这位陌生人。

自我意识

婴儿产生自我意识的时间比我们想象的要早一些，但是心理学家在婴儿什么时候产生自我意识上还没有达成一致意见。年幼的婴儿喜欢照镜子，但有一段时间也许他们意识不到正在看谁。如果你在宝宝的小鼻子上点上一点口红，然后让他看一下镜子里的映像，只有到了15个月大时宝宝看到自己的鼻子上有口红才会去摸它。

在宝宝小床上的护栏上系上一面镜子——他会喜欢的。

研究婴儿有关自己的想法着实不易，但我们确实知道在婴儿9~12个月大时，他们看自己的照片的时间长一些，笑的时间也长一些；15~18个月大时，婴儿会谈论自己，例如称自己为“宝宝”，或者用自己的名字给自己的照片命名。

让宝宝看他自己或别的婴儿的照片，并和他聊聊你们看到的东西。

交流

宝宝6个月大时能够发出可辨认的声音，牙牙学语时你可以听到“啊啊啊呃呃呃”的双音节。

7个月大时，宝宝发的音里会增加一些辅音，你能听到“妈妈妈妈妈”这个音。也许你会注意到宝宝啼哭时，他好像同时在聊天，通过舌头和嘴唇的不同动作改变声音。

- ★ *这个时候你可以把宝宝的咕哝声转化成单词来帮助他。你的做法会让宝宝暂停发某个音或者改变他发的某个音。例如，如果他看到你热心回应“妈妈妈妈妈妈”这个音，他会更频繁地发这个音，慢慢地把它和你联系起来。*
- ★ *你可以开始教宝宝非语言符号，例如，让他知道摆手表示拜拜、张开怀抱表示拥抱、点头或摇头表示同意或不同意等。*

★ *如果你认为婴儿歌唱班有趣的话，这个年龄段已经适合宝宝参加歌唱班。如果婴儿首先和手势语打交道的话，他们确实看起来在学习语言方面进步得快一些。*

这里有一些我们大家非常熟悉的手势语：来这里（招手），我（用手指自己），是（点头），不（摇头），不知道（耸肩），安静（把食指竖着放到嘴边），睡觉（手放到脑袋的一边，眼睛闭上），时间（指手腕），停止（手心向上），好的（拇指和食指并拢，张开其他3个手指）。

婴儿9个月大时会发现自己可以叫喊，他第一次会使用“哒哒、塔塔”的简单的叫喊声来表达某种意思。他知道了自己的名字，还理解了其他几个单词的意思。

第10个月是“联合注意力阶段”，宝宝能够同时关注不只一样物品。从现在起他的智力将要突飞猛进地发展，他将会从你边指着东西边给他讲解的做法中受益无穷，因为现在他能够同时注意你所指的东西和所讲的内容。

第11个月是婴儿能够说出第一个单词的平均时间，但此后宝宝要一直等到大约15个月大时才会说出其他单词。有许多父母从来没有注意到宝宝说出的第一个单词，因为听起来可能不太清楚，但就宝宝而言，“哒哒”是指猫，他使用这个特殊的音来指生活在他屋子里的黑白相间的动物，事实上他这是在对一个单词做出解释。

在此阶段宝宝需要多鼓励，如果大人积极鼓励的话，他会变成一个“话匣子”，他喜欢和他碰到的每一个人聊天。为了让宝宝长大成人后有自信，能够自然而然地喜欢与别人交流，你需要让宝宝不能止步于“学步期谈话”，你需要给他提供足够多的练习机会。听他说话、回答他并评价他的话。教他不要随便插话，要轮流说话。你要开始向他展示文明举止——说“请”，“谢谢”和“再说一遍”，就像你对别人说的那样。

尤其重要的是你要积极鼓励他尝试说话。不管他说起来有多笨拙和口齿不清，你都需要对他做出的努力感到高兴。如果父母一味地纠正宝宝的发音，这种做法会让他很容易失去兴趣，失去与别人交流的欲望。教宝宝说话的最好的方法就是“重塑”——给宝宝提供可选择的方式来指他刚才提到的东西。因此你需要重复宝宝说过的话，同时你还要扩大词汇范围进行重新塑造或改变措辞。

这里举个例子。我们来看一下桑德拉和娜塔莉之间的谈话，这是一个完美的重塑的例子：

嗒

你正对我说什么？

嗒

噢，是的，那是一辆车！真聪明！那是我们的车！现在我们要上车了！

感悟

也许你发现面对宝宝喋喋不休有点儿不好意思，但是只要你坚持这样做就会变得不那么尴尬。宝宝因为你的努力产生了发自内心的快乐和兴趣，这将是对你的回报。

啼哭

和前几个月相比，现在你会相对容易找出宝宝啼哭的原因。

宝宝啼哭应该与他有意和你交流有关，也许他啼哭的原因只是想吸引你的注意，等你过来帮助他。

但也有时候宝宝由于痛苦而啼哭，例如，在他碰到陌生人或有什么事惊吓到他时，这时候他需要安慰和拥抱，就像他在最初的几个月需要的那样。也许他还会遇到睡眠问题而哭醒，这时候他感受到的恐惧是真实的，你不能找个借口而不予理会，他需要你的安慰和帮助。到目前为止他还没有能力操纵你或通过啼哭来做他想做的事，要做到这一点，他还需要长到蹒跚学步时才行。虽然他啼哭是为了得到你的回应，有时这看起来像是在操纵你，但事实上他真的没有能力去“深谋远虑”，他的情绪依然是即时性的，发作起来势不可当，需要你的帮助他才能平静下来。

和宝宝一块儿玩耍的游戏

在这个阶段，和宝宝一块儿唱歌是促使宝宝掌握语言韵律和节奏的一个重要方法。你可以参加一个音乐团体，当地的父母和儿童团体在举行活动的过程中也许会留出歌唱时间让父母和孩子一块儿唱歌。

一块儿唱可以做动作歌曲

划船歌

面对宝宝坐在地板上，紧紧抓住他的小手，分别向前和向后做出摇摆的姿势，如同你们在摇船一样：

Row,row,row your boat,

Gently down the stream.

Merrily,merrily,merrily,merrily,

Life is but a dream.

玫瑰花环

把宝宝搂在你怀里转着圈跳舞，在唱到最后一行时抱着宝宝跌倒。如果宝宝已经能够站立，抓着他的小手慢慢转圈子，在唱到最后一行时一块儿跌倒。这种动作能够帮助已经学会站立但还不能够重新坐下的宝宝学会重新坐下。

Ring a ring o'roses

A pocket full of posies

A-tishoo, a-tishoo

We all fall down

这时候你还可以给宝宝提供简单的乐器：铃铛、摇铃和用来敲击的物品——旧的平底锅很适合宝宝敲击。自己做一个沙球，往一个小圆塑料罐里装上砂砾即可。

在这个年龄段宝宝已经适合尝试安静的亲子阅读。最好使用结实的图画书，阅读时要让宝宝坐在你的大腿上，慢慢翻书页，谈论每一幅图片。鼓励宝宝用手指他知道的东西。

感悟

对6~12个月大的宝宝来说比较适合的玩具有叠加杯、形状分类器和任何你能够放进东西又能拿出来的物品。戏水游戏在宝宝这个年龄段特别适合。一旦宝宝不再把所有的东西放进小嘴里，玩沙子游戏也是一个不错的选择。

为自己寻求支持

如果你一直待在家里照顾宝宝，这个阶段你有可能感觉不会像以前那么劳累。你已经习惯于母亲（父亲）这个角色，能够预测宝宝出现的情况，能够和他进行良好的沟通，并且晚上他应该睡得很香甜。尽管如此，你还是应该带宝宝出去走走，这样做依然会让你和宝宝受益，因为你不仅有成年人和你作伴，还能给宝宝带来额外的刺激，和你在一起时他遇到许多人，这样能够帮助他度过“怕生”的阶段。

在这个阶段不会有什么发育检查，除非你特别担心宝宝，你可以继续去卫生随访员的诊所拜访他，咨询有关饮食和断奶的建议，让他检查一下宝宝的发育情况是否令人满意。也许他还会告诉你当地的其他团体。在此阶段，也许你想参加婴儿歌唱班，大多数父母认为参加婴儿歌唱班非常愉快，能够促进他们和宝宝的交流。针对父母和婴儿的歌唱团体有很多，当宝宝变得活跃并且兴致比较高时，这是让他参加歌唱班的理想阶段，但是一定要在他开始四处乱跑之前参加。如果他非常好动，喜欢四处活动，当地也许有软质的游戏区域，你可以带着宝宝去那里任他安全地滚来滚去。例如，小孩打滚游戏也许是你们现在有兴趣参加的。

个案研究

杰西卡的姐姐安妮非常喜欢看天线宝宝，如果她的父母威廉和霍莉允许的话，她能一整天都在看自己喜爱的DVD碟。最近霍莉注意到杰西卡在看电视期间，每当笑脸太阳出来时他就会微笑并用小手去指太阳，霍莉在想只有9个月大的杰西卡是否能够认出太阳像他一样有一张脸。

9个月大的杰西卡也许确实能够发现太阳的婴儿脸像她，尽管我们还不太清楚在多大程度上她能够有意识地理解这种相似，以及意味着什么。但是孩子们很早就能认出和他们年龄相仿的孩子并且被同龄人所吸引，这一点看起来确实不假。只不过他们缺乏社交技巧，如果没有大人的帮助他们还无法和其他孩子进一步接触。

有关年龄稍大一些的婴儿的有趣的事实

- ★ *经常听母亲谈话的婴儿更有可能成为聪明的幼儿。*
- ★ *从宝宝学习语言的方式中你可以断定宝宝会成为什么样的孩子。如果他开始学习语言时一个字一个字地给物品命名，那么他很有可能成为一名抽象的思想家。如果他喜欢“你好”、“拜拜”或“哦，亲爱的”这样的社交词语，将来他很有可能善于社交。*
- ★ *婴儿吃饱饭时会把脑袋转开，这是我们摇摇脑袋说“不”的起源。*
- ★ *伸出舌头被看做是粗鲁的行为，这象征着婴儿拒绝进食的方式。*
- ★ *婴儿1岁内身高会增加八英寸（20厘米），体重会达到出生时的三倍。*
- ★ *通常每一代要比前一代高一些。你的孩子有可能比你高。*

当前男孩比他们的父亲高3厘米，女孩比她们的母亲高2厘米。

自测练习

1. 在此阶段婴儿的哪一种发育最激动人心？什么技能可以区别开人类和其他动物？

2. 婴儿的饱食信号是什么？为什么在此阶段饱食信号对婴儿很重要？

3. 什么叫联合注意力阶段？

4. 什么叫重塑？

5. “怕生”现象会告诉你关于婴儿安全感方面的什么知识？

6. 在此阶段婴儿为什么会在夜里醒来？

7. 你怎么能够断定宝宝在照镜子时是否可以认出他自己？如果宝宝能够做到这一点有什么意义？

8. 是否值得参加婴儿歌唱班？

9. 伸出舌头这种粗鲁行为起源于什么？

10. 你是否阻止宝宝用手指东西？

答案在第265~266页。

第2部分

特殊情况

引言

在前一部分我们探讨了婴儿在每一个发育阶段出现的情况，但这种特定的发育阶段只适用于足月产的婴儿。早产儿和足月儿的发育方式一样，经历的阶段也一样，只不过到达每一个阶段的时间要晚一些。这一部分将着眼于早产对婴儿的特殊影响。

因为绝大部分双胞胎和多胞胎都会早产，所以在这一章节探讨他们的发育情况看起来比较合理。双胞胎婴儿因为自己是双胞胎的一员，会在社交上和情感上受到影响，在这里我们只探讨双胞胎的情况对婴儿的特殊影响。

一般而言，双胞胎和早产儿的发育过程和独生婴儿相似，这一部分着重于他们特有的差异。如果你的宝宝没有早产也不是双胞胎中的一员，那么你可以直接跳过本部分。如果你有双胞胎，这两节都值得你读一读，因为双胞胎经常早产，而多胞胎毫无疑问要早产。

在本部分你将会发现对早产儿、双胞胎或多胞胎这样的特殊婴儿来说，你起着至关重要的作用，你可以做出很多努力来帮助宝宝。

第1节

早产儿

在本节你将会学到：

- 有些婴儿为什么会早产
- 你对你早产的宝宝可能有什么看法
- 你可以做什么来帮助你早产的宝宝发育

在过去，一般认为出生较早的早产儿无法存活下来，这被称为晚期流产。但是，近年来医学的进步意味着我们可以让出生得越来越早的早产儿幸存下来，并且针对他们的预后也一直在进步。

什么叫早产

孕期从最后一次月经的开始算起。当然这不是怀宝宝的日期，这个日期通常在月经开始的两周后，但是因为月经是医学界衡量怀孕的唯一的有把握的事情，所以孕期通常从那天算起。婴儿一般在38~42周之间出生，在37周之前出生的婴儿被称为早产儿；在32周之前出生的婴儿被称为特别早产儿。

导致早产的原因

宝宝提前出生的原因很明显：双胞胎和多胞胎之所以早产是因为子宫里已经没有了空间。有一些早产是由于妊娠毒血症之类的并发症而人为诱发的。大约有1/3的早产无法做出解释。怀孕期间的压力和焦虑也可以导致早产或低出生体重，也许是因为肾上激素诱发了宫缩。我们还知道很多头生孩子出生时又瘦又小，更容易出现早产的情况。

感悟

现在即使你付出很多努力也几乎没有什么可能性来预防你的宝宝早产，但是晚些时候你还是值得与产科医生见见面，因为他也许能够给你提供一些方法来预防下一次的早产。

你对你早产的宝宝可能有什么看法

最初你无法抵抗的感觉可能是震惊。你震惊于宝宝在你还没有做好准备时就提前来临，震惊于宝宝的长相。也许你一直期待有一个胖嘟嘟的宝宝，肤色健康，如同婴儿杂志里的那种理想化的宝宝。事实上你的宝宝骨瘦如材，皮肤也许是半透明的或者覆盖着一层绒毛。他看起来不像婴儿——也许你对他感到厌恶，这种想法又会让你感到内疚。

除此之外，宝宝的早产可能让你感觉不快——你还没有做好准备迎接他，也许你还做过努力来阻止早产的发生，整个过程就像是一次医疗急诊，而不是你一直希望的出生仪式。也许你还感觉自己情绪失控。事实表明越感觉能够控制生产过程的妇女，越容易把生产过程当作一次经历来接受它。

有许多父母在相当长一段时间内情绪失控。本来你已经没有控制住猛不丁的早产，宝宝出生后却不能跟你回家，而是要转到婴儿监护室由别人照料。也许你感觉自己不能够亲近宝宝，感觉他好像不属于你，而属于婴儿监护室。

所以你对宝宝的想法要比生了足月儿的父母的想法复杂得多。如果你的宝宝是足月儿，你和宝宝的关系在你们第一次见面就已经开始，通过你们之间的互动得到发展。但是如果你有一个早产儿，你们之间的关系就会有点生疏，你对宝宝的感情会受到你内心的焦虑的影响，而不是受到宝宝和他的行为的影响。别人会使情况雪上加霜——如果他们的行为表现出对宝宝的担忧或排斥，你在抱着宝宝并怀有这种生疏关系时，就很容易使情况进一步恶化。你和宝宝之间的关系越来越生疏。

有一些父母因为害怕宝宝有可能夭折而打算疏远宝宝，他们想方设法从情感上保护自己，但是绝大部分经历过这种情况的父母都说这种策略无益，即使宝宝最后真的夭折了他们还是感到不好过。他们说如果他们能够竭尽全力用爱、抚摸和真挚的感情帮助宝宝度过短暂的人生，他们更能接受宝宝夭折的现实。

感 悟

所有的这些情感反应都可以理解，但让人感觉过于强烈。你现在的注意力聚焦在宝宝身上，但是你也需要把一部分注意力放在你和伴侣的身上，这样做也很重要，你们两个都需要接受这次经历。

婴儿监护室

新生儿监护室是一个奇怪的地方，到处配备着令人害怕的仪器，但是你要记住所有的这些技术对宝宝的幸存必不可少，同时还可以帮助他在子宫外成长和发育。

父母待在婴儿监护室里通常感觉不大舒服，至少最初是这样。医护人员只专注于婴儿，他们不可能一直有时间向你解释他们正在做什么。有一些医护人员热情而又随和，但是有一些人员会认为你在那里碍手碍脚。他们的当务之急是让宝宝活下来，当然这是我们希望的，但是过去的9个月你一直是关注的焦点，作为母亲你突然受到了冷落，可能感觉受到了疏远。生完孩子，你出了院，宝宝却留在了医院，这肯定是一次糟糕的经历，你只能一遍又一遍地回味在医院的情景——这真的让人受不了。

陪伴婴儿监护室里的宝宝需要你合理安排时间，这确实令人身心疲惫。现在是寻求别人帮助的好时机，帮你准备饭菜、购物、洗衣服和打扫房间等，因为你没有时间做这些。如果你还有其他孩子，你还需要确保有时间照料他们。

在婴儿监护室里帮助宝宝

早产儿尤其受益于母乳喂养，母乳除了含有婴儿所需的所有的营养物质，还能保护他不受到新生坏死性小肠结肠炎的侵袭。这种病经常会对喝奶粉的早产儿造成致命的影响。勤挤奶、每次少挤些最能够保证奶水充足，用电动挤奶器即在白天又在夜里挤奶也许是挤奶的最好方式。你可以和母乳喂养顾问取得联系来得到更多帮助，或询问是否能够借来电动挤奶器在家里使用（在婴儿护理中心有降价或免费的挤奶器）。刚开始也许宝宝不能够吃母乳；哺乳所需的条件反射晚一段时间才会发育成熟——嘴角反射要比吮吸反射出现得早，所以宝宝有可能寻找乳房，找到后却不能够协调好所需的吮吸和吞咽动作。

★ *确保你得到足够的帮助来保证母乳供应。*

★ *询问医院能否使用捐献的母乳而不喂奶粉，这样对宝宝的帮助比较大。*

即使宝宝看起来没有多大反应，但是他能够感觉到你，他知道你的声音，他和足月儿一样需要了解你对他的抚摸和你的气味。

怀孕25周出生的早产儿对抚摸有反应，轻柔的身体接触对他们有好处。和医护人员商量你可以做什么，握手和轻柔抚摸这样的动作会让你瘦小的早产宝宝受益匪浅。

“袋鼠式护理”能够让宝宝受益无穷。它是指你把宝宝光溜溜的身体竖抱在你裸露的身体上，通常你把宝宝塞到衣服里面紧靠你裸露的胸膛。接受这种疗法的婴儿和没有接受这种疗法的婴儿相比，他们的体温保持得较好、睡眠情况较好、啼哭的次数较少，呼吸比较有规律，哺乳的时间较长，体重增长较快，出院的时间也较早。此外，给宝宝进行“袋鼠式护理”的父母对自己的父母角色更有信心。

婴儿按摩也会提供帮助，接受定期按摩的早产儿体重增长较快，测试时表现较好，可以早日出院。要求新生儿护士向你展示给宝宝按摩的最好方式。

最后，早产宝宝也会像足月儿那样受益于前庭刺激，他们需要摇晃和拥抱。接受额外前庭刺激的早产儿和没有接受过这方面刺激的早产儿相比，他们的体重增长较快，不容易发脾气、呼吸更有规律、痉挛性的动作减少，睡眠更多并且保持安静活跃状态的时间越来越长。

感悟

你可以为宝宝做好多事情：你可以挤奶，你可以抱着安慰他，你还可以花时间陪着宝宝向他表达你的爱，这些对宝宝来说都是宝贵的资源。

早产儿的发育过程

显而易见，子宫是宝宝进行发育最理想的地方，离开子宫会危害到宝宝，但是新生儿医学一直在取得巨大进步，不仅能够使出生的越来越早的早产儿存活，而且促使预后往越来越好的方向发展。

传统的婴儿监护室的环境没有什么特殊性，全天24小时声音嘈杂、灯光明亮。现在大家意识到如果早产儿周围的环境更像子宫里的环境，他们的情况会更好一些，因而大家努力把绝大部分新生儿监护室的不良刺激降到最低。例如，努力使保温箱更安静和更黑暗，宝宝以胎儿的姿势依偎在羊皮或水床上、甚至吊床上；使用这些，其表面的用意在于宝宝活动时他们会感受到轻柔的阻力并像在子宫里那样得到相同类型的反馈，同时他们还能得到前庭刺激。和待在标准保温箱里的宝宝相比，这些细微的变化有助于宝宝体重增长更迅速，更容易入睡，呼吸更流畅，焦虑不安的情况会减少。处在这种更真实的环境中的宝宝和待在传统婴儿监护室里的宝宝相比，身体更健康、发育速度更快，晚一些时候接受智商测试时得的分数更高。

鉴于近年来医学的进步，有关早产儿悲惨结局预测的研究结论可能已经过时。绝大部分早产儿根本没有出现残疾或持续存在的问题，尽管出生得越早，就越有可能出现问题。但是，这些问题大部分症状轻微，经过治疗可以解决。出生得越来越早的早产儿不但可以存活下来，他们绝大部分长大后身体健康。

怀孕31周或31周之后出生的婴儿的存活率为98%，但是在31周之前出生的婴儿会面临包括视力、听力、运动神经缺陷、情绪调节差、注意力和语言迟缓等方面的问题。怀孕28周出生的婴儿中，大约有10%的婴儿会出现严重残疾。20%~30%的在24~25周出生的婴儿会出现严重残疾，但是你可以反过来想，这意味着在28周出生的婴儿中90%的婴儿只会出现轻微的问题或者根本没有任何问题。

英国一项叫做“美食家”的研究跟踪了300名不到26周就出生的婴儿，研究发现大约一半（51%）的婴儿根本没有出现任何问题。大约1/4（26%）的婴儿只有听力障碍或近视方面的小毛病，但是剩余的1/4（23%）的婴儿存在严重残疾，例如脑瘫（占早产儿的3%到6%），癫痫和失明。大约1/4的体重低于1000克的婴儿会出现视力问题，从轻微的斜视到失明不等。出生过早的婴儿可能还会出现听力问题，因为他们的听力在孕期24~26周正在发育。婴儿监护室里特别吵闹对他们来说并没有什么帮助。

重要的是一旦你把他接到家里你就要密切注视他的发育情况，确保他定期接受听力和视力检查。

出生时体重不到1500克的婴儿在学校表现较差，研究人员发现他们在智商测试时分数比其他孩子低6分，但是你要记住85~115是平均智力的分值，所以低6分不是特别严重，让孩子生活在富有刺激性的家庭环境中能够远远弥补这一点。

感悟

如果你能花时间刺激宝宝并和他互动，你的早产宝宝就可以赶上别的宝宝。把宝宝带回家后，一定要把这项任务当作你的重中之重。

宝宝回家后

虽然早产宝宝必须克服各种各样的困难才能存活下来，甚至最初看起来他永远不会成为一个“正常”的孩子，但是我们将会在本书的后面部分看到宝宝的大脑十分灵活，能够适应各种各样的环境。如果你能给宝宝提供一个稳定的充满爱的家，并给他提供各种刺激，你就会把因为他出生过早而可能带来的任何不良因素降到最低。

此外，你应该还能够给宝宝提供很多进一步的帮助，这非常重要。例如，定期检查听力和视力可以在问题严重影响宝宝之前就能发现并及时得到解决。语言障碍矫正如果需要的话也是可以进行的，等等。

你很难抵挡住拿你的宝宝和其他孩子进行比较的诱惑，但是为了对宝宝公平起见，你必须拿他和处于相同发育阶段而不是出生时间相同的宝宝作比较。宝宝需要经历他的同龄人经历的所有的发育阶段，但是可能会晚一些时候才能到达这些阶段，这是自然和正常的。例如，早产儿出生后6周开始微笑。当宝宝的大脑发育到一定程度时，许多其他的发育会一一展现在你眼前，最终宝宝会完成所有的发育。早产儿确实能够赶上正常出生的孩子。出生时体重不到1000克的婴儿有可能在4岁或5岁大时才能赶上别人。

感 悟

许多父母说他们发现给宝宝记录进步日记有助于他们看到宝宝已经取得的进步。有一位母亲说每一周的同一时间给宝宝照一张相效果特别好，因为这样她有宝宝取得进步的视觉记录，并惊喜地发现宝宝确实取得了巨大的进步。

十件要记住的事情

1. 最初你对自己的早产宝宝持有矛盾的心情，这很正常，但是你要努力找时间和别人谈谈你的感受。

2. 寻求帮助。你要忙着照看宝宝，让朋友和亲戚帮你照顾宝宝。

3. 绝大部分早产儿发育得完全正常，尽管他们要花更多的时间才会到达一定的发育里程碑，还有一些早产儿需要等到上学的年龄才能赶上他们的同龄人。

4. 宝宝待在婴儿监护室期间，你可以做很多事情来帮助她，因此你要和医护人员保持联络，确保你尽最大努力帮助宝宝。

5. 努力让宝宝成为你的重中之重——他住院期间，花一些时间和他待在一起，让他接受“袋鼠式疗法”和前庭刺激并给他按摩。

6. 母乳喂养能够帮助宝宝弥补早产的不足之处，母乳可以保护宝宝免受特定疾病的侵袭。确保宝宝吃到足够的母乳。

7. 因为宝宝的大脑特别灵活，所以给他提供富有刺激的家庭环境能够远远弥补早产的不足之处。

8. 每周都要以日记、照片或视频格式来记录宝宝的进步，当你看到他迅速取得进步时你会备受鼓舞 。

9. 尽管宝宝看起来会出现很多的不利情况，你要坚信你的投入可以使情况得到改变。

10. 宝宝一旦回到家里，他马上需要得到帮助、额外的刺激和许多互动，所有的这些努力能够帮助他赶上他的同龄人。

第2节

双胞胎

在本节你将会学到：

- 为什么会出现双胞胎的情况
- 养育双胞胎和多胞胎会是什么样子
- 双胞胎的发育

双胞胎具有无穷的魅力。很多书从头到尾都在谈论他们的情况，还涌现出许多有关双胞胎的都市神话。双胞胎是彼此的灵魂伴侣，彼此无所不晓，彼此之间也许还会说一种秘密语言。在我们的社会，双胞胎也许有点被理想化了，结果就是当大家了解事实后，养育双胞胎的情况会让人震惊。如同我们将要看到的那样，双胞胎在相处方面差异巨大，特别是在出生后的几个月，他们并不喜欢这种特殊的结合。

为什么会出现双胞胎

基本上只有通过两种方式你才有可能怀上双胞胎，现在很多双胞胎的出现是由于人工受孕的结果。在没有帮助的情况下怀上双胞胎的最有可能的原因是母亲同时排了两颗卵子，并且这两颗卵子都受了精。这会产生长相各异的双胞胎，基因并不比其他的兄弟姐妹的相似度高。从数据上看，相同性别的几率为50%。这样的双胞胎叫做双卵双胎（或异卵双胎）。来自于辅助怀孕的双胞胎几乎都是双卵双胎。

不大常见的是，一个卵子受精后不久一分为二，长成两个基因一模一样的胎儿（很显然是同性）。这样的双胞胎叫做单卵双胎（或者说同卵双胎）。

明确知道你的双胞胎是不是基因相同的唯一方法就是验血。过去通常认为异卵双胞胎有各自的胎盘，但有时候两个胎盘会融合在一起，所以只有一个胎盘并不一定证明就是同卵双胞胎。此外，有的同卵双胞胎在各自的胎囊里出生，可能是因为后来胎囊出现了分化。

在英国，每90次分娩就会出现一对双胞胎或一群多胞胎（每40个孩子中会出现一对双胞胎），但是每250次分娩中出现的一模一样的双胞胎只有一对或者一对也没有。单卵双胎完全是随机的，但是如果你和你的伴侣的性生活比较频繁，你更有可能生出双卵双胞胎（因此二战后在英国出现了比以往更多的双胞胎，并且这些双胞胎更有可能是在父母婚后的几个月怀上的）。如果你和你的伴侣的家族里已经有生过双胞胎的情况，尤其女方家庭有这种情况，你生双胞胎的几率会更大一些。当母亲接近40岁时生双卵双胎的几率也会随之增加，并且你生过的孩子越多，下面的孩子是双胞胎的可能性越大。有一些种族比其他种族更有可能生双胞胎：尼日利亚的母亲生双胞胎的比例最高，有东方背景的母亲生双胞胎的比例最低，白种人介于两者之间。

尽管活下来的双胞胎稀少，随着超声波技术的发展，我们已经明白双胎妊娠非常普遍，但是绝大部分通常在孕期12周之内就胎死腹中。在所有自然怀孕中怀双胞胎的比例大约有1/8，但是只有2%的双胞胎会顺利出生。

多胞胎

三胞胎、四胞胎或更多的多胞胎非常罕见，但是现在由于借助于试管受精或受精药等辅助受孕，近几年来多胞胎变得常见起来。现在绝大部分医生都会建议人工怀上多胞胎的父母终止多余胎儿的妊娠，因为胎儿的成活率非常低，胎儿的发育结果非常不理想。事实上，有一些诊所在进行治疗之前，坚持父母提前同意终止任何多余胎儿的妊娠，这意味着生多胎的现象又会像以前那样变得稀少。

如果你确实要生多胞胎，你将需要许多额外的帮助和支持，不仅宝宝在婴儿监护室里康复时（参看前一节）你需要帮助，晚一些时候把他们接回家照顾时，你同样需要帮助和支持。适用于双胞胎的绝大部分事项同样适用于多胞胎，但会出现更多极度早产带来的并发症。

做好迎接双胞胎的准备

对于双胞胎来说，孕期37周是足月，2,500克是平均体重。所以你已经看出即使双胞胎到了足月，他们生下来时和单胎相比已经处于轻微的劣势地位。事实上，双胞胎更有可能早产，伴随着早产造成的所有的问题（参看前一节）。10%的早产儿是双胞胎，一半的双胞胎是通过剖腹产出生。如果宝宝没有早产，并且他们在子宫里的位置比较理想的话，顺产是可以的，但是产房里肯定有很多人，他们更有可能对顺产进行干预。双胞胎在子宫里发育的速度有可能不一样，所以出生时双胞胎大小不一样也很正常，即使单卵双胎也会出现这种情况。

如果你正怀着双胞胎，你将需要为宝宝提前出生做好准备，也许你还要应对早产儿这个问题。此外，你更有可能进行剖腹产手术，剖腹产手术后恢复健康远远要比顺产后恢复健康用的时间长。我们建议你在生完宝宝的6周内需要寻求别人的帮助来恢复健康，这样做会对你有所帮助。

感 悟

一旦宝宝出生，你会非常忙碌，因此你需要提前花时间来建立你的支持网络。找一找是否有双胞胎俱乐部：它们能够提供大量的信息、支持和装备。

毫无疑问，双胞胎会让你花费更多。也许你需要更宽敞的汽车，需要重新布置你的家，但是孩子出生后你要尽量优先考虑让别人帮你几周，几个月当然更好。如果你的家人不能帮忙，你可以考虑花钱雇人帮你打扫房子和洗衣，如果你还没有在网上购过物，现在你可以考虑这么做。宝宝出生后的几周里，你要想到自己的全部精力都要用来照顾宝宝，其他一切事情必须委派给别人去做。

如果你还有其他孩子，你要意识到他们会因为双胞胎的来临而生气。不仅你照顾他们的时间大幅度减少，而且来访的朋友总是过分关注双胞胎，所以这些姐姐哥哥们会感觉自己受到了忽视。

我需要购买什么？

- ★ *尽量购买或租赁双婴儿车之类的价格较高的装备，只用有可靠来源的装备。你所在地的双胞胎俱乐部应该能够提供帮助，可能会提供最好的质量方面的建议。在早期你的双胞胎可能能够分享一张婴儿床或移动小床。*
- ★ *列出你认为自己需要的东西，请不要匆忙买下你列出的所有的东西——等一段时间看看别人会送给你或借给你什么东西。找一找二手衣服。*

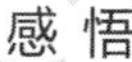

如果在前几个月你能够花得起钱雇人来帮忙，你要想到这些钱花得非常值。如果你花不起钱，当地保育学院一直在寻找双胞胎家庭让学生进行义务实习——他们会给你提供额外的帮助。卫生随访员可能也知道其他一些相似的组织，也能够给你提供帮助。

你的心情

在宝宝刚生下来的几周光照顾一个宝宝就已经劳累不堪，有两个宝宝需要照顾时，你要想到任务量会加倍。出一趟门就像一次重大的探险活动。双胞胎母亲很快就变得与世隔绝，这也许是她们为什么患上产后抑郁症的原因之一。

新妈妈感觉疲惫很正常，但是，对你来说，在你的力量消耗得差不多时，你的父母角色才刚刚开始。在孕期你的身体必须加倍工作来保证两个宝宝的发育，要挺着大肚子四处转悠。然后经历了复杂的剖腹产手术。经历了这些事情后，你的确需要好好休息，但实际上两个小东西正在剥夺你正常的睡眠时间。如果他们待在婴儿监护室里，这会给你带来额外的心理压力和焦虑。

宝宝啼哭起来很难对付，对你来说难度会增加一倍，因为你在照料一个宝宝时不可避免地要撇下另外一个正在啼哭的宝宝。努力接受两个宝宝不可能时刻都会得到你照顾的事实，只要你最后可以满足他们的需求，他们会慢慢适应，就像其他家庭里第二个出生的宝宝一样。

你也很难立即做到两个宝宝你都喜欢。也许你会发现自己对其中的一个宝宝的感情要深于对另外一个宝宝的感情，这种情况完全正常。你的双胞胎看起来差别很大，他们出院的时间也许不一样，彼此的性情肯定不一样，你可能发现其中的一个要比另外一个更容易照顾。一定要意识到上面的这种情况，努力确保两个宝宝都能从周围的人那里得到互动和关爱。

“特殊”的婴儿

如果你的双胞胎是通过接受生育治疗得到的，你有可能焦虑不安。尝试各种方法让自己受孕，你一而再再而三地断言你渴望得到孩子。经历了那么多的牺牲，你感觉自己的宝宝很“特殊”，也许你对自己的父母角色持有理想主义观点。

但是，所有的婴儿都会啼哭，夜里不睡觉，需要不停地喂奶。你的朋友和家人都知道你经历了千辛万苦才怀上了宝宝，所以现在你很难承认照顾宝宝特别困难这件事。记住，你和别的父母一样有感觉沮丧的权利，有需要别人支持的权利！

艰难的最初几个月过后，你的生活会变得轻松一些。宝宝大约9个月大时，他们开始一块儿玩耍。醒来时他们会互相逗着玩，这样你还可以躺一会儿。尽管他们制造的麻烦事越来越多，但这最终由于他们能够互相帮助而弥补。

双胞胎的发育

双胞胎和其他婴儿并无两样，他们渴望交流、吃奶和拥抱。最初，他们对彼此并没有什么特殊的吸引力，和所有的婴儿一样，他们被成年人吸引，试图对大人产生最初的依恋并进行早期亲密的交流（参看第3部分第1章第2节和第2章第2节）。

父母面临的问题是你不能像孩子希望的那样同时和两个孩子互动，同时和他们进行亲密的目光接触和互相微笑。因此有许多双胞胎互相竞争来得到父母的注意，如果得不到他们就会哇哇大哭——所以刚开始他们意识到对方的存在是因为彼此的竞争。研究表明宝宝很小时就能够强烈地嫉妒对方。当他们变得大一些时，他们可能还会经常打架。所以如果你曾经幻想着两个可爱的宝宝彼此爱慕的画面，这样的现实可能令你沮丧。领地经常是引起双胞胎纠纷的一个原因，有一些双胞胎需要他们自己的空间和物品。

最终，作为自己的生活中不可或缺的角色，双胞胎经常变得对彼此很依恋（参看第3部分第1章第2节）。有一项研究是关于12~15个月大的双胞胎和母亲分开后的反应的，结果发现同卵双胞胎在和母亲分开后没有什么反应，但是他们两个在被分开时却遭到了抗议。双胞胎已经形成了对彼此的依恋。但是，双卵双胞胎却没有这种特征。

为什么会发生这种现象？因为陪着双胞胎出去尤其麻烦，父母往往让他们在家里待的时间比较长，还经常待在一个房间里，因此在上幼儿园或小学之前的几年里，他们很少分开，经常互相依赖来玩耍或寻求安慰等。他们越来越多地意识到彼此的存在。有人认为因为单卵双胞胎在基因上更相似，他们变得对彼此越来越敏感。这种敏锐的识察力也许能够解释双胞胎之间发生的心灵感应事件。

刚开始，他们可能会抵制他们之间的亲密接触。例如，有一些双胞胎，尤其是双卵双胞胎，讨厌睡在同一张小床上。同卵双胞胎可能更能接受在一张床上睡觉，也许是因为在子宫里他们就很少分开，因此更适应彼此的活动。同时他们的声音和气味更相似，彼此熟悉，更能给他们带来安慰。

★ *尽量尊重宝宝对个人空间的需求。当其中一个或两个宝宝因为彼此的接触感到痛苦时，你要允许他们拥有自己的空间和有自己单独玩耍的时间。*

★ *你的宝宝会因为单独和你相处而受益，即使每天只有几分钟也管用。事实上，努力让宝宝得到单独的关注和关怀会让他们更具有独立性，也更少粘人，因为他们知道你在身旁，你把他们当作独立的个体去关心他们。*

双胞胎的语言发展情况

我们将会看到，语言的发展依赖于照料者和宝宝之间的早期互动——也就是妈妈在宝宝会说话之前花大量时间进行的原型对话（参看第3部分第2章第2节）。但是双胞胎妈妈很少有时间这么做，她和宝宝之间的交流往往短暂，直奔主题。双胞胎通常说话较晚，比单胎婴儿要晚6个月左右。他们说出第一个单词的时间较晚，说出的句子比较简短，掌握的词汇量较少，和单胎婴儿相比使用不成熟的表达方式的时间较长。双胞胎待在一起时，在演讲和语言测试上表现较好，因为他们习惯于彼此交流，习惯于作为搭档和别人进行交流。

也许你会发现其中的一个宝宝和另外一个相比要安静得多或者说话有点落后，你总是倾向于同时问两个宝宝："你们喜欢吃饼干吗？""我们现在出去吧？"——你一般不会分别问两个宝宝问题，而这些问题一般都是由占主导地位或者发育较快的宝宝代表两人来回答。

确保两个宝宝在很小时分别有时间和一位成年人交流，即使一天只有几分钟也可以。这样有助于他们的语言发展。他们的父亲可以承担这份特殊的工作。

双胞胎使用的语言——自解语症

有许多双胞胎（大约40%）开始说话时他们之间会创造一种私密的语言，只要他们同时也在学习正常的语言，这种私密语言不会带来什么伤害。之所以出现这种情况是因为双胞胎会出现这么一种特有的情景：两个不大会说话的宝宝彼此模仿（和哥哥姐姐相比较），他们会进一步巩固彼此错误的发音，因为他们在一块的时间特别长，这些错误的发音成为了彼此进行交流的工具。

如果你的双胞胎大部分时间都在使用这种私密语言进行交流，这表明他们没有从其他地方获得足够的语言输入，所以你需要努力与两个宝宝分别进行交流。每天和宝宝一块儿进行阅读应该有所帮助，也许父亲和母亲能够分别给其中的一个宝宝讲睡前故事。

自我意识的发展

双胞胎自我意识（参看第3部分第2章第1节）可能发展得比较晚。孩子通常在两岁半时在镜子里会认出自己，双卵双胞胎差不多也是这样，但是同卵双胞胎可能花更长一段时间——当他们看到镜子里的映像时，他们通常会把他当做双胞胎的另外一个。大约3岁大时，甚至还有一些需要等到4岁时，他们才开始意识到他们在镜子里看到的映像是他们自己，而不是双胞胎的另外一个，并且当他们第一次认识到自己和另外一个长得一模一样时他们经常感到困惑。你的宝宝也许会问你这些问题："他是我吗？"或者"我是谁？"或者更深刻的问题："这是不是所有人都看我们的原因？"

感悟

如果单卵双胞胎一直不分开，他们会很难发展独自的个性，在某一个阶段你可以帮他们解决这个问题。

- *如果可以的话，尽量形成每天和每个宝宝单独相处的习惯。如果有亲戚来帮忙，让两个宝宝轮流和他们玩耍。*
- *给孩子们准备各自的物品；他们并不一直需要相同的物品。一个宝宝可以有一辆小货车，另外一个可以有一辆卡车；一个可以有留着金发的玩偶，另外一个可以有一个留着褐*

色头发的玩偶等等。

- *尽量不要把他们当作一个整体来看待——他们是独一无二的个体。*

双胞胎和出生顺序

双胞胎往往根据他们在家里的位置来回应别人。如果上边有一个哥哥或姐姐，他们会表现出自己是弟弟或妹妹的特征。如果他们自己是老大，他们会表现出自己是哥哥或姐姐的一些特征。但是，是双胞胎的一员的影响要大于出生顺序的影响。其中的一个宝宝要比另一个强势，这和他们的出生顺序没有什么关系。

感悟

不管前几个月有多艰难，到了一定阶段情况都会有所好转，拥有一对双胞胎会像你想象的那样快乐。坚信有许多父母继续生更多孩子的事实！

有关双胞胎的有趣事实

- *一些心理学家通过研究双胞胎来发现我们的性格是否来自遗传。出生后就分开的双胞胎经常拥有相似的声音、手势和观点——甚至对于职业的选择，这令人感觉不可思议。*

- *25%的单卵双胞胎是彼此的镜子。*
- *双胞胎中出现左撇子的现象是单胎中出现左撇子现象的两倍。*
- *在全世界范围内尼亚加拉国的约鲁巴部落生育双胞胎的比例最高，这和他们食用富含雌激素的甘薯有关。11个人中就有一对双胞胎。*
- *甫艾德·万斯里特，19世纪的一位俄国农民，有69个孩子——16对双胞胎、7对三胞胎和4对四胞胎。*
- *人数最多的单卵多胞胎来自于加拿大的迪翁五胞胎。另外一组五胞胎来自于阿根廷，包括一对同卵双胞胎男孩和一组同卵三胞胎女孩。*

自测练习

1. 双卵双生和单卵双生是指什么？
2. 生育单卵双胞胎的几率有多大？
3. 你怎么辨别你的双胞胎是否是单卵双胞胎？
4. 什么因素让你更有可能怀上双胞胎？
5. 如果你怀有双胞胎你是否可以顺产？
6. TAMBA这几个字母代表什么？
7. 你有没有可能对两个宝宝的爱一样多？
8. 双胞胎彼此的关系如何？
9. 是否可以给双胞胎穿一模一样的衣服？
10. 什么叫自解语症？

答案在第267~268页。

第3部分

BOOST YOUR BABY'S DEVELOPMENT

婴儿的发育

引言

到目前为止我们已经探讨了婴儿特定的发育情况，早产儿、双胞胎或足月儿的情况，以及他们在每个特定阶段的发育情况。我们仅仅讨论了宝宝的行为这个方面。在本部分，我们将要更多地探讨宝宝为什么会出现这些行为的问题，这样你将会从理论上进一步理解宝宝总体的发育情况。

在第一部分你可以看到宝宝的发育是在他的基因和周围环境的互动中进行的。他的基因告诉他应该做什么和大约什么时候去做，但是其技巧的细微调整是在以你为主的环境中进行的。本部分的第一章解释了宝宝的情感发育：他是家庭的一个成员对他有什么影响，他如何学会爱别人，他如何与你和其他家人交往，以及这种亲密关系在他的一生中对他有什么影响。第二章将探讨宝宝的智力发育：他如何利用这个世界来探索和学习，以及你在他的智力发育中发挥什么作用。

第1章第1节首先解释人类的进化如何导致了婴儿过早出生，但是这也带来了好处，宝宝因为过早出生能够适应他们所处的环境。然后接着介绍宝宝大脑的重要区域——让宝宝成为真正人类的部分——在宝宝出生后开始发育，并且只有得到了来自于你的正确信息输入后才会真正发育成熟。这表明你的爱为什么对宝宝至关重要。第1章第2节着眼于宝宝出生后的第一年这种爱是如何呈现的，宝宝如何对照顾他的人产生深深的情感依恋——我们称之为“亲密关系”。本节还会谈到如果你和宝宝没有产生亲密关系会产生什么后果，又会对我们的孩子和整个社会带来什么问题。同时你还可以发现如何确保你的宝宝长大后成为情绪稳定的人。第1章第3节探讨你为宝宝选择的保育方面的内容。第1章第4节探讨家庭结构对宝宝安全感的影响。

接着往下读，在读到第1章第5节时，你可以思考一下家里有兄弟姐妹会对宝宝造成什么影响。第1章第6节，我们放眼未来，探讨养育孩子的方式将对宝宝产生什么影响以及在宝宝成长过程中你应该怎样养育他。

其中的第一章向你展示宝宝依靠你进行社交和情感的成长；在第二章你将会看到他仍然需要依靠你进行智力的发育。这听起来很有挑战性，但事实上，只要你花时间和宝宝在一起，他将会告诉你他需要什么，你就能够自然而然地去做该做的事以促进他的成长。

第2章第1节解释宝宝一岁内大脑的发育情况，宝宝如何理解他所经历的事情，以及他的心理过程如何发展让他能够建立一套知识体系。你将会发现宝宝如何学习，以及你可以怎样帮助他。第2章第2节着眼于为什么语言这么难学，在短短的一段时间内宝宝是如何学习语言的。本节还向你表明宝宝真正能够发出可识别的单词之前与你有多少交流。第2章第3节用来解释游戏如何促进宝宝的智力发育，宝宝需要的玩具类型以及在这个阶段宝宝接触书为什么让他受益。最后，第2章第4节探讨了男孩和女孩的异同。

宝宝第一年的生活对你来说是一个巨大的挑战。你和宝宝需要学习很多知识。我衷心希望本书的这一部分会给你和宝宝带来快乐和收获。

BOOST YOUR BABY'S DEVELOPMENT

第一章

情感发育

第1节

社交婴儿的身体发育

在本节你将会学到：

- 所有的婴儿都出生过早
- 在社交社会中宝宝的大脑如何发育
- 你能够怎样促进宝宝大脑的发育

新生儿最引人瞩目的一个地方就是刚开始他看起来非常无助，他将需要长时间地依赖成年人才能生存下去。

有一些哺乳类宝宝，例如反刍动物（吃草的动物，例如牛、马、羊等）出生后可以直接站起来走路。另外有一些多产类哺乳动物的幼崽（在一个窝里生活的幼崽，如：小猫、小狗等等）出生时眼睛看不到东西，看起来也很无助，但是只过几周它们就能够自立。即使和其他猿类相比，我们的婴儿出生时发育也更不成熟，依赖成年人的时间也比较长。尽管黑猩猩和大猩猩的孕期和人类的相似（分别是228天和256天，人类的是267天），但是他们的宝宝11岁时就会完全发育成熟。

婴儿过早出生

现在科学家认为虽然直立行走确实给我们带来许多便利之处，例如我们的双手得到了解放后可以拿东西或使用工具，缺点就是我们的骨盆需要特别狭小，这限制了我们新生儿脑袋的尺寸。

此外，比别的物种更聪明很明显是一项优势，因为我们能够创造性地思考、做计划和使用工具，但是更聪明意味着大脑要大，因此脑袋也要大。所以从进化的角度讲，脑袋较大和直立行走这两项优势需要和能够轻松安全地生下宝宝相抗衡。

进化过程中产生的折衷办法就是让我们的宝宝提前出生。如果我们比较一下自己和其他物种，尤其是我们的近亲猿类，我们的宝宝应该在妊娠18个月之后出生。科学家把婴儿在子宫外进行发育的这9个月称为“额外妊娠”或“二次发育”。

母亲抚养宝宝时需要得到帮助

生出脑袋较大的婴儿意味着我们的先辈母亲生孩子的过程比较艰难，经常需要得到别的妇女的帮助。生完孩子，她们面临着照顾宝宝的艰巨任务，宝宝刚开始非常无助，需要依靠她生活好多年。为了能够完成这些任务，我们人类必须变得善于社交和懂得合作，母亲不可能自己完成所有的这些任务。

感悟

因此如果你感觉做母亲/父亲非常累，你要记得大自然并没有打算让你独立完成这些任务。

有趣的事实

亚当与夏娃的故事也许和人类的进化有关

没有任何其他物种在生育宝宝的过程会和我们人类所经历的痛苦相似——母亲费尽千辛万苦才生下聪明的宝宝。有意思的是，《圣经》故事里的“创世纪”提到了这一点：亚当和夏娃吃了智慧果，上帝对他们的惩罚是妇女在生孩子时要饱受痛苦的折磨。

大脑袋真的有优势吗?

大脑袋并不像你想象的那样一定具有优势。大脑需要很多能量来给它提供动力，并且，就像我们已经看到的，母亲在生孩子过程中面临风险。一个物种需要大脑袋是让它拥有多种技能。

地球上绝大部分物种都是专化物种。不管它们是使用长舌头把蚂蚁从洞穴里舔出来，还是使用长脖子来吃其他动物够不着的树上的叶子，它们特别擅长做某一件事情——事实上，通常是在获取某一种特殊的食物时。虽然它们看起来“聪明”，但这种特长不需要智力。

但是，在脊椎动物家族的进化路线中产生了非常聪明的动物，这些聪明的动物一般都是杂食动物。从进化论的角度来讲，当有大量的食物可吃时，绝大部分物种繁荣兴旺，但是当食物突然变得稀少时，那些专化物种就陷入困境，因为它们不能够很快适应新的环境。而脑袋较大通晓多项技能的杂食物种会成功地继续生活在地球上。人类大脑在食物尤其难找的冰河世纪迅速变大，这不是一个有趣的现象吗？

婴儿的大脑如何发育——建立连接功能

虽然看起来“额外妊娠”对宝宝来说是一项危险的策略，事实上给他带来了巨大的优势。在子宫外进行另一半的妊娠意味着宝宝能够得到塑造从而适应他周围的环境，对于被称为地球上万能生物的人类来说，这样做更有意义。

没有任何其他物种的宝宝像人类一样有可能出生在大量可供选择的环境和社会团体中。婴儿的大脑能够在他们所处的环境中进行大部分的发育，因而能够让他们根据需要来适应环境。出生时，人类婴儿大脑的尺寸只有成年人的1/4。即使和我们人类关系最亲密的黑猩猩，它们的宝宝出生时大脑的尺寸已达到成年猩猩大脑的41%。你的宝宝1岁时，他的大脑会增大一倍，相当于最终尺寸的一半，3岁大时，会达到最终尺寸的3/4。

婴儿不仅以惊人的速度发育，他们的大脑比我们成年人的大脑要忙碌得多。大约两岁大时，幼儿的大脑对能量的消耗就已经达成年人的水平，虽然他们的大脑比较小。3岁大时，幼儿的大脑对能量的消耗达到了成年人的两倍，这种状况一直持续到8岁，然后能量消耗开始减少，最终18岁时大脑的消耗量降低到成年人的水平。

宝宝的大脑消耗这么多的能量用来干什么呢？原来宝宝的大脑正忙着建立连接。出生时，每一个神经元（大脑细胞）大约有2,500个突触，这些突触数量迅速增加，在大约2~3岁时达到顶峰，平均每一个神经元有15,000个突触——多于成年人大脑里的突触。3岁后，宝宝的大脑开始删除用不着的连接点，而那些载有最重要的信息的连接点变得越来越强并幸存下来。

感悟

当你看到年轻的孩子自己正在很投入地玩耍时，你就能够真正理解大脑十分忙碌的含义。

具有潜力的婴儿大脑

你可以认为你的宝宝潜力无限。他所有的连接点等待着被利用，被经验所强化，或者不用时被删除。他大脑里的连接点依照“或使用或丢弃”的原理得到加强或被删除，就像肌肉一样，一旦一个连接点被删除，就永远不会再回来。

宝宝出生后的整整一年都用来通过经验建立连接点，有一些事情反复发生，同一组的神经元同时得到激活，因此生活变得有可预见性。所以最终当宝宝看到你走过来要抱他时，他会停止啼哭和等待，也许同时还会给你一个奇妙的微笑。

你的投入至关重要，富有刺激性的环境将有助于宝宝的大脑发育。

你认为可以给宝宝带来刺激的东西并不一定能够刺激宝宝。你要记住宝宝的大脑目前正在忙着以经验为基础建立连接点，因此重复做相同的事情可以刺激宝宝的大脑。也许你希望这些事情可以起到积极的作用！这里有一些建议：

- ★ *给宝宝换尿布时，唱一些欢快的行动歌曲，例如“围着花园转啊转”（参看第1部分第3节里更多的例子）。*
- ★ *给宝宝穿衣服或换衣服时，在他的肚皮上亲吻，拿着他的小腿做骑脚踏车的动作。*
- ★ *尽量每天走出家门，在公园里散散步等。让宝宝看看风中飘摆的树叶，池塘里游泳的鸭子等等。天气不大好时，在*

购物中心逛逛也很有趣，只是要避开炎热拥挤的商场。

- *你在做日常工作时让宝宝参与进去。在宝宝灵敏而又活跃时带他在超市里转转，向他介绍货架上的商品。你在厨房时可以把他放到门口弹跳器或摇篮椅里，并告诉他你正在做的事情。*

你会发现，你并不需要给自己增加额外的工作量，仅仅只是让宝宝参与到你正在做的事情中去。他喜欢和你互动。所以让宝宝看电视或待在房间里听收音机并不能刺激宝宝，事实上只会让他漠视谈话，因为他虽然努力和别人交流但是却没有得到回应。

你对宝宝的爱如何促进宝宝大脑的发育

宝宝一岁时他的大脑需要增大一倍，为此他的大脑需要急剧增加葡萄糖代谢，部分原因是由于对爱他的父母做出的生化反应引起。

父母和宝宝花很长时间进行心理学家称为的“互相凝视”（你也可以称为相互注视对方），当一名妇女（或者是一个男人，他也是一名父亲）看着宝宝时，他的瞳孔会放大，这是快乐的迹象。因此当宝宝看到你和你放大的瞳孔时，他自己的神经系统会相应地被唤醒，心律增加，他会把内啡肽（快感荷尔蒙）释放到血液里。这些内啡肽通过调节葡萄糖和胰岛素的水平帮助神经元生长。多巴胺——一种神经传递素——也会从脑干里释放出来，促进葡萄糖的吸收，这样会促进新的大脑组织生长。

感悟

宝宝生活的早期拥有许多积极的经验，有助于宝宝在额叶皮层创造更多的多巴胺受体，这样最终会帮助宝宝迅速评估和适应事件、延迟满足和思考采取行动的方法。

观察你的宝宝。他竟然会使用他的大眼睛和放大的瞳孔这种狡猾的策略，通常我们大人才会使用。在同一间房间里，一个男人和一个女人通过闪闪发光的瞳孔下意识地释放相互吸引的信号。宝宝通过使用这种把戏让你知道他需要你，当你靠近时，他的瞳孔会进一步放大，让你心中充满爱和充满拥抱他的愿望。

结果如何呢？坐着直视宝宝实际上是在帮助他的大脑进行发育！

设定觉醒基准

当前有一些心理学家认为在婴儿出生后的几个月内，他的大脑会设定觉醒的“正常”范围，也就是指他的系统努力维持一个特定的点，当低于或高于觉醒的正常范围时，他的监管系统会采取行动使觉醒恢复到这个特定的设置点。例如，如果婴儿的母亲心情沮丧，这些婴儿就会适应较低的刺激水平，适应缺乏积极情感的状态，这就是为什么在你怀疑患上产后抑郁症后立即寻求帮助变得如此重要的原因。

他们还认为那些患有创伤后应激障碍（无法从创伤中恢复过来）的成年人，有可能是在年幼时他们的情感系统没有稳健地建立起来。

这也是一个基因和环境如何互动的好例子。来自于我们基因的指令（进行人类大脑发育）要依赖于环境因素（来自于别人的关爱）来实现。

大脑的结构

我们的大脑可以让我们追溯进化史。大脑最里边的部分是最原始的部分，这一部分和爬行动物的大脑一样，它包括脑干、卜丘脑和杏仁核。脑干用来负责我们无法控制的事情，例如：呼吸、心率、消化和反射。下丘脑负责监管和维护系统，无意识地影响我们，例如，当我们口渴时会让我们找到水源。最后，杏仁核负责我们对恐惧的反应——也就是“战或逃反应”。

原始部分的上边是人脑的主要结构——大脑，这部分我们从图上就可以识别。大脑和哺乳类动物共享，但是覆盖在上边的一层皱巴巴的表面，也就是脑细胞的最上边的几层，叫大脑皮层，属于人类专有。这部分让我们能够说话、推理，让我们有能力做数学和写小说，还让我们拥有推翻原始情感反应的能力。大脑皮层发育得最晚，其很大一部分是在婴儿出生后才开始发育的。

人脑的这些部分看起来彼此是分开的，但实际上它们连接在一起，一起工作。因此会出现这种情况：你脑袋的原始部分认为你正拿着热东西，会本能地让你把手拿开，但同时，你的大脑告诉你事实上你正拿着一个非常珍贵的盘子，推翻了你的原始反应，从而避免了盘子的破碎。

但是婴儿不能应用这种约束力，甚至到了学步期他还是会自动丢掉热盘子，因为负责这种类型的自控的额叶皮质在婴儿出生后过好几年才能发育成熟。这是有道理的，因为额叶皮质会响应我们的社会性需求而进行发育。也许在有些文化里用不着担心把贵重的瓷器掉在地上。也许在某一种文化里，生存问题一直面临着威胁，这样的话，允许杏仁核完全控制可能会有好处。

感悟

更微妙的是，请思考一下英国人的"喜怒不形于色"和印度人的"激昂的情绪"两者的区别。这两个国家的基因库相似。是成长的环境使大脑产生了不同的情感反应，这种情感反应已经在额叶皮质里根深蒂固。

因此如果你在评价宝宝的自我表现，你要允许他完全自由地释放他的情绪，而不是阻止他啼哭或到学步期时阻止他发脾气。另一方面，当还是婴儿的他啼哭或努力和你互动时，你却没有回应他，这样更容易塑造成一个不能理解自己情绪的孩子——也就是刚才说的"喜怒不形于色"，缺少情商的受压抑的成年人类型。

因此为了发展社会良知，婴儿在成长期需要许多积极的社交互动，这样他们才会发展这种推翻原始反应的能力。宝宝和你的许多交流和互动可以加强宝宝的额叶皮质和杏仁核之间的联系，这样他同样能够及时推翻“战或逃反应”，发展他的社交控制能力和责任心。

婴儿是否可以自控?

“他是一个听话的婴儿吗？”好像是新生儿父母被问到的第一个问题。当然这会引出下面这个问题，对婴儿来说，“听话”是指什么？这个问题好像在暗示宝宝能够选择自己的行为方式，宝宝脑子里正在进行某种理性的思考。但事实上，宝宝在很长一段时间内不能够带着意图去做事情，一直到他的额叶皮质发育并能够推翻脑子里较原始部分的纯粹情感反应。尽管额叶皮质在宝宝出生后就开始发育，但是直到幼年期才会发育成熟。因此宝宝根本无法控制他们的行为，甚至在学步期他们开始获得自控时还会像婴儿那样需要积极的互动。

所以当宝宝啼哭时，他不是在努力操纵你，他只是在表示他有所需求，为了让他成长为一个安全而又自信的人，你需要回应他的啼哭，这样他就能够认识到我们的世界是一个美好的地方，在这个地方他可以让事情往好的方向发展。

感悟

所以当别人问你“他是一个听话的婴儿吗？”也许你可以这样回答：“是的！当他需要我时，他就会啼哭！”

个案研究

简的宝宝阿比盖亚现在三周大。她的丈夫必须去上班，她只能自己在家里照顾宝宝。她没有想到做妈妈那么不容易。她好像什么事都不能做，如果早上能冲个澡或者用洗衣机洗一缸衣服，运气已经很不错了。她几乎所有的时间都用来给宝宝喂奶、换尿布或抱着她转悠。

简的经历很普遍，值得记住的是，在我们的文化中，让妈妈自己照顾宝宝确实有点奇怪。在其他文化中，专业人员会花至少6周的时间来培训母亲，这样她们才能更好地抚养宝宝，甚至过了这6周的甜蜜时光后，母亲还是很少单独照顾宝宝，她们有姐妹、阿姨或奶奶等来提供帮助或分担家务。简需要过一段时间才能重新驾驭她的生活。

十件要记住的事情

1. 婴儿在妊娠9个月时早早出生，母亲照顾宝宝时需要很多帮助。这是为什么我们是善于交际的物种的原因之一。

2. 早出生实际上有好处，能够让婴儿适应他们的社交环境。

3. 宝宝的大脑的最重要的部分实际上是在他出生后发育的。

4. 宝宝的大脑忙碌的程度让人不可思议，大脑的绝大部分发育在宝宝出生后进行，建立取决于社交环境的连接点。

5. 爱有助于宝宝的大脑发育，他的社交能力和情商依赖于你的响应能力。

6. 你用来和宝宝互动的每一分钟都能够帮助他成长。他并不能很快就在情绪和身体上控制自己来达到我们所理解的“守规矩”的这种地步。

7. 了解这些知识会在宝宝没完没了的啼哭和整晚不睡觉而让你感觉疲惫不堪时真正地帮助你。

8. 理解宝宝如何发展我们称之为“情商”的能力可以帮助你意识到宝宝无法控制他情绪方面的行为。

9. 如果宝宝因为要求得到大人的关注而啼哭，他并没有淘气，他只是在表达他的感受，你要做的就是帮助他调节他的情绪状态一直到他自己能够做到这一点为止。

10. 宝宝的性格确实影响他是否爱哭；但最主要的是你要尽自己最大的能力回应他的需求，记住他需要你的帮助。如果你现在回应他，他将会成长为一个快乐、独立而又足智多谋的孩子。

第2节 最初的关系

在本节你将会学到：

- 心理学家所说的“依恋”是指什么
- 亲密关系有什么作用
- 你可以改变家里消极的情感模式，这样你的宝宝将会成长为一个情绪稳定的成年人

情绪安全感是一个可怕的概念。婴儿需要母亲吗？如果你把宝宝交给别人会发生什么事情？在养育孩子这一领域大概再没有比谁来照看孩子更能引起不快的事情了。

我们已经看到人类非常灵活，可以适应不同的环境。但是对婴儿来说，能够和一两名成年人形成强烈的情感依恋（亲密关系）至关重要，如果这种情感依恋遭到破坏将会对他的心理健康造成长期的影响。

★ *因为新生儿特别无助，所以要尽早在婴儿和护理人之间建立强烈的情感依恋。*

★ *这种亲密关系是指婴儿知道谁在照顾他，这样当他有活动能力时就可以知道去哪里寻求安全感。*

★ *对于成年人来说，形成这种亲密的关系可以确保他们渴望保护婴儿。*

这种亲密关系在绝大多数动物身上都会发生。例如，鸟类有一种我们称为“印刻”的行为，它们在孵化后会跟随它们看到的第一个活动着的物体。对一些可怜的宝贝来说，即使它们看到的是人类它们也会跟随。有一位叫卡尔·洛伦茨的科学家成功地让小鸡铭记住了他，即使他的小鸡遇到了它们的亲生母亲也是视而不见，继续在他身后跑来跑去。长大后它们无视其他鸡的存在，反而企图和人类进行交配。洛伦茨还向我们表明鸟类存在一段关键的印刻期——如果幼鸟在关键期被隔离起来，它们就永远不会对任何人或任何事物形成情感依恋，日后将会变得离群索居。

尽管我们比鸟类更灵活、适应性更强，像鸟类的印刻行为一样，我们人类也有一个建立亲密关系的关键期，这种说法非常流行。我们也知道妇产科医院根据一些随意的时间表尽量强化这段建立亲密关系的时期，尽管在20世纪80年代有几项研究发现产后就把母亲和婴儿分开（在这个时期这是常规作法）对他们以后建立亲密关系并没有什么影响。

当前妇产科医院通常的做法是尽量让母亲和新生儿待在一起，因为“新生儿母婴同室”已经被证明能够促进母乳分泌和促进母乳持续分泌，但是即便如此，人类有一个短暂的建立亲密关系的关键期这种说法看起来并没有被研究所支持。

感悟

作为一个新妈妈，我从不喜欢别人告诉我我需要和我的宝贝建立亲密关系，好像是这种情感依恋只有在特定的时间和特定的条件下才能形成一样。对我来说，亲密关系在和宝宝相处的过程中自然而然地形成这种说法更有道理。

婴儿情感依恋的发展过程

恰恰相反，我们现在知道婴儿在他1岁内会逐渐对一两名成年人形成情感依恋。他们对关怀他们并和他们互动的人特别依恋，而不是对只关心他们身体需要的人表示依恋（当然这往往是同一个人）。

- ***第一阶段**（从出生到出生后几个月）宝宝通常对许多人感兴趣，而不是对一个特定的人感兴趣。*

  这是指宝宝特别小时，他喜欢和大多数人互动，但重要的是要有固定的人在他身边，这样才能过渡到第二阶段。在第一个阶段，父亲和母亲都要尽可能地参与进去，这样做毫无疑问非常值得。

- ***第二阶段**（5~7个月）宝宝对一少部分人感兴趣。这是宝宝的情感依恋开始形成的阶段，通常在大约5~7个月时出现。*

在这个年龄段宝宝更有可能对特定的人微笑，更容易被这些人哄好。

这个阶段让宝宝认识代替你的护理人比较理想，这些护理人有可能是保育员或保姆，他们过一段时间要负责照看宝宝。

★ ***第三阶段***（*7~9个月*）*宝宝喜欢一个特定的人*（*通常是他母亲*）。*如果和她分开他会抗议，如果会爬的话就会黏在她身旁。可以挪动身体时，他把妈妈当作安全的港湾，以此为基点来探索世界。同时他开始害怕陌生人，如果有陌生人靠近就会啼哭。*

在此阶段如果陌生人没有贸然靠近宝宝，他们能够更好地应对陌生人，宝宝眼里的陌生人首先和你互动，然后在谈话中慢慢让宝宝参与进去。在这个阶段，宝宝会观察你如何反应，如果看到你和陌生人关系融洽，他更有可能接受他们。

★ ***第四阶段***——*在此阶段，宝宝开始能够思考你的需求，即使你离开一小会儿他也能够接受。这通常在宝宝3岁大时发生，但是有一些2岁的幼儿也可以做到这一点。*

如果你清楚将要发生什么，会对你有帮助："我要去商店买我们的午餐，我很快就回来。你待在家里玩好玩的玩具，我马上就回来。"你最好安抚好宝宝，即使纠缠的时间比较长，离开比较困难，也不要试着在宝宝没注意你时偷偷溜出家门。

★ ***第五阶段***——*减少情感依恋——学龄儿童。现在宝宝不需要呆在你的身边了，他已经发展了在分离期支撑他的内在运行模式，他能够理解诸如关爱、信任和统一的抽象概念。*

感悟

这里给出的年龄段并不是很精确，因此你还是努力以宝宝的行为作为指导。有一些婴儿有时可能出现倒退行为，有时大人离开时他一点儿事没有，有时大人离开时他会突然感觉很难过。再一次强调，你最好重视宝宝的感情而不是不予理会。如果他知道有人在倾听他，这样有助于他感觉更安全。

有趣的事实

亲密关系在大脑里产生

这些阶段的情感发展可以被看做由生化反应产生。6~12周大时，在宝宝的大脑里，额叶前皮质里的突触连接点正在大规模地增加，而额叶前皮质负责情绪调节，所以这一部分的发育是在情感纽带得到加强时发生的。这种突飞猛进的发育在婴儿学步早期或者在情感依恋形成的第三阶段到达顶峰。

保持婴儿情绪稳定的因素

如果父母能够敏感地回应宝宝，他会成长为一个安全依恋型的宝宝。尤其是，如果你能够“将心比心”（把宝宝看做有独立思想的个体），你的宝宝更有可能建立安全依恋关系，所以你要做的不仅仅是回应他的行为，还要努力回应他的心理状态，这种心理状态你要从线索中推理出来。

个案研究

这里有一个不错的例子：有一位母亲叫雪莉，她已经有一个3岁的女儿，所以经验比较丰富。我们来观察一下她是如何努力让她6周大的宝宝麦洛平静下来的。

她举起麦洛，用前臂抱住他，这样能够双手合起来支撑他的脑袋。这就意味着如果他停止啼哭并睁开眼睛的话，他就能够直视妈妈。

她的手臂上下移动着摇晃宝宝，同时扭着屁股，这样她抱着宝宝来来回回踱着步。

在做这些动作期间，她一直用关心的语气和他说话："怎么了，麦洛？你感到很烦吗？怎么了？你的尿布脏了吗？是不是外边的噪音吓着你了？"等等。

当然麦洛不可能听懂妈妈在说什么，但是他会安静下来，然后她会继续和宝宝用这种方式互动。

关键是她把宝宝当作一个真正有思想的人来对待，努力了解宝宝为什么伤心。她这样做的次数越多，她就越容易搞清楚宝宝脑子里在想什么，宝宝也就越来越多地看到妈妈怎样关心他。

安全依恋型

绝大多数婴儿，尤其如果他们的父母能够回应他们的需求的话，将会成为情绪稳定的孩子，长大后成为情绪稳定的成年人。这些孩子，特别是年幼时，渴望靠近母亲，尤其是经历了分离后和母亲重新团聚时更为明显。妈妈离开时他们可能不感到难过，但是即使感到难过的话也是因为妈妈不在家，妈妈回来后会很容易安抚好他们。

★ *虽然因为分离焦虑——你离开时宝宝啼哭，你回来后宝宝得到抚慰，也许看起来你的宝宝情绪并不稳定，但事实上这表明你和宝宝之间建立了健康的亲密关系，表现出这种分离焦虑的婴儿会成长为更独立和情绪更稳定的孩子。*

对宝宝发出的信号比较敏感的母亲也许在小时候对她的父母形成了安全依恋关系，比较重视过去她被抚养的经历，或者至少意识到这种经历的价值。她的宝宝会成长为一个自主的成年人，能够客观而又坦率地回忆他自己的经历。

感悟

绝大多数婴儿会像我们所期待的那样成为安全依恋型的孩子，因为大自然把婴儿设计得如此讨人喜欢！如果你能够正确回应你的宝宝的需求，他就有可能成为安全依恋型的孩子。

不安全依恋型

但是有一些婴儿，会成为心理学家称为的不安全依恋型的孩子，这种不安全依恋会一代一代遗传下去，因为这些婴儿长大成为父母后，他们自己的情绪安全感会影响他们回应自己宝宝的方式。

在当前社会，父母经常感受到尽快让宝宝独立起来的压力。有一些父母对宝宝表现出来的纠缠和需求采取忽视或轻视的态度，这并不是因为父母不关心宝宝，而是因为他们认为宝宝的情绪状态不重要。（“让宝宝哭个够，这样才不会被宠坏”也许就是这种类型的父母的典型想法。）

父母采取这种方法会出现一个问题：从表面上看这些孩子看起来安静和独立，也许他们的皮质醇的基准比较低，可以关闭压力反应，但是有人认为压抑情感并不能让情感消失，恰恰相反会导致无法控制或不可预测的情感的爆发。

可悲的是，这些婴儿将来有的成了学校里的地痞，有的成了爱发牢骚或粘人的孩子，还有一些孩子，由于他们不再期待温暖的感情，举手投足之间好像满不在乎，但是一旦面临压力就会比安全依恋型的孩子痛苦得多。

此外，如果妈妈忽视了宝宝的心理状态，对宝宝发出的信号不予理会——也许是因为她没有重视她自己的童年经历，也许在年幼时她自己感觉不安全——她的宝宝长大后可能会成为一个傲慢的成年人，对人际关系不屑一顾。

另一种类型的可以代代相传的不安全感是：如果一位母亲怒气冲冲或在某种程度上受缚于和她的童年有关的还没有解决的情感问题，那么她对宝宝的反应就会前后矛盾。如果父母对宝宝一阵冷一阵热，往往导致宝宝无法确定接下来要发生什么事情。这样的婴儿长大后往往成为受到困扰的成年人，一直依赖并竭力取悦他的父母。

更极端的是有的妈妈在童年遭受了至今还没有治愈的创伤或损失（例如，也许她受过虐待）。在宝宝看来，妈妈感到害怕或者妈妈让他感到害怕，或者更糟的是，她有可能虐待宝宝。这样的婴儿长大后没有决断力，无法接受他自己的经历。这种类型的人最有可能成为反社会者、野心家或精神病患者。

感 悟

与其担心宝宝是否形成了不安全依恋型关系，不如专注去做你认为正确的事和关注宝宝的反应。

改变是可能的

我们刚才谈到的内容听起来让人毛骨悚然，但只是在强调父母对孩子的爱的重要性。好消息是，没有什么是一成不变的，改变是可能的。孩子的情绪安全感过一段时间会发生变化。例如，因为发生了影响整个家庭的大事情，比如孩子的父母离异或出现经济困难等，一个安全依恋型的孩子有时可能会变成一个不安全依恋型的孩子。反过来也是如此，孩子可以从没有安全感变得有安全感，通常由于他的家庭情况的好转。

也有证据表明成年人通过咨询或反思有可能解决了他们的情感依恋问题，用和以前不一样的方式回应他们的宝宝以此打破不安全依恋型的恶性循环。

意识到这些影响你的问题，的确能够给你带来帮助。在那段悲惨的时期，经历过大屠杀、失去父母而侥幸活下来的孩子，长大后自然而然地成为了不安全依恋型的成年人。但是，他们并没有全部把这种依恋遗传给下一代，事实上他们的孩子和正常的孩子相比只是有一点不安全依恋问题，但是他们的孙子孙女根本没有出现这方面的问题。

感悟

上面的这件事让我感到心安，我在想，如果人类能够从这么可怕的创伤中恢复过来，那么无论多么糟糕的事情也不可能对我的宝贝造成永久的伤害。

个案研究

瓦内莎有一个6个月大的女儿，名字叫娜塔莉，她是一个非常快乐的婴儿，喜欢对所有的人微笑。瓦内莎的一个朋友的宝宝比娜塔莉稍微大一点，瓦内莎注意到这个宝宝非常粘人，不愿意和妈妈分开，甚至分开一分钟都不行。瓦内莎不知道她的朋友究竟做了什么事情会导致这种现象的发生。

也许瓦内莎庆幸自己在娜塔莉出生后的几个月里把女儿变成一个乐呵呵的宝宝，但是再过几个月娜塔莉也有可能变得特别粘人，因为她将要到达分离焦虑的阶段。虽然在这段时期宝宝有可能特别难对付，但是这种情况完全正常，宝宝会度过这个时期的。瓦内莎对女儿要有耐心和宽容，直到娜塔莉重新变得开朗友好起来。

十件需要记住的事情

1. 因为婴儿非常无助，他们需要对一两个成年人形成强烈的情感依恋。这样婴儿就会知道谁在照顾他，当他遇到危险时知道应该向谁求助。对成年人来讲，这种亲密关系会确保无论发生什么事情他们都愿意保护他们的宝宝。

2. 婴儿的情绪安全感来源于他和能够对他做出回应的父母在一起。

3. 情绪安全感随着时间的流逝慢慢形成，而不是依赖于任何一段短暂的关键期。

4. 重要的是你回应宝宝时要把他当作一个独立的人来对待，

努力了解他身上正在发生什么事情，从而采取相应的做法。

5. 你是否每一次都能做对并不重要，重要的是你努力帮助宝宝，努力理解宝宝。

6. 情绪不稳定的成年人往往有情绪不稳定的孩子——但是你可以打破这种循环。

7. 在宝宝还没有做好准备之前就草率地让他独立是一个错误。在这方面你应该听宝宝的指挥。如果你把他交给不同的人看管时他很高兴，或独自玩耍也很高兴，你可以锻炼他的独立性，但是他不高兴时千万不要强迫他这么做。

8. 因为孩子的情况各异，并没有什么规定要求你的宝宝什么时候做好独立的准备。

9. 有一些父母发现如果自己小时候被迫放弃对大人的依赖，他们就很难应对孩子身上的依赖性。如果你因为需要对宝宝的需求作出回应而感到烦恼时，也许你值得思考一下你的这种情绪来自于何方。通过这样做你有可能打破你家族的不安全依恋型的历史。

10. 如果有的育儿书上写着所有孩子应该有相同的行为，有相同的需求，需要相同的响应，这样的书你要谨慎对待。这不是将心比心。如果书上写着用固定的策略来回应宝宝的行为（不管是喂奶、睡觉还是啼哭），这样的书可能没有什么用处，除非在特定的时间这种特定的策略碰巧是你的宝宝所需要的，在这种情况下，即使没有这本书的帮助你也会使用这种策略。

第3节

儿童保育

在本节你将会学到：

- 婴儿是否总是先对母亲产生情感依恋
- 情感依恋理论对儿童保育的启示
- 如果你要重返工作岗位你现在应该做什么

我们在前一节看到宝宝在出生后的一年内与成年人形成亲密关系，这种亲密关系将依赖成年人对他的行为形成安全依恋型或不安全依恋型。当前社会，绝大部分母亲在宝宝1岁内就会重返工作岗位，如果你的宝宝只对一个人形成依恋会有什么影响？

婴儿是否能够和许多人建立亲密关系

如果你比较一下来自于破碎家庭、目前生活在儿童福利院的孩子和拥有相似的背景现在被养父母收养的孩子，即使他们在学校里都不如来自于普通背景的孩子学习好，你会发现福利院的孩子和被收养的孩子相比更有可能精神不集中、极度活跃和心理失常。以前生活在幸福的家庭里但后来在以色列的基布兹集体社区长大的孩子和生活在福利院的孩子很相似。这些孩子一块儿长大，每天只能和父母相处一到两个小时，结果他们也成为不安全依恋型的人。

因此，婴儿看起来确实只需对少数人形成依恋，所以机构式护理或几个人共同护理，对婴儿来说效果好像并不好。

感悟

这是社会工作者总是给孩子寻找养父母而不是冒险让相关机构抚养的原因，这也是当孩子生病时医院总是鼓励父母尽可能多地去医院看孩子，甚至让他们留下来陪伴孩子的原因。

婴儿能够与几个人形成依恋关系呢？当婴儿开始抗议和别人分开时，他们只是因为和一个特定的人分开而抗议，但随着他们年龄的增长，通常在18个月大时，他们会因为好几个人表现出分离焦虑。同时，大约有1/3的婴儿会对别人而不是他们的母亲形成最强烈的或最初的依恋，可能是祖父（祖母）、父亲甚至是哥哥或者姐姐等。婴儿不是和给他换尿布、照顾他们身体需求的人建立亲密的关系，而是与和他们互动得最多和玩耍得最多的人形成亲密关系。

感悟

当然，实际上做这些事情的经常是同一个人。

为什么会出现这种现象？为了弄清楚这件事，我们首先需要了解一下为什么宝宝对分离感到焦虑。分离焦虑不是和害怕失去保护有关，而是和宝宝已经学会了一种针对他和另外一个人的高度具体的交流方式有关。他之所以害怕陌生人靠近或妈妈消失，是因为他只学会了与一个人交流。

随着宝宝年龄的增长和语言技能的发展，他会变得擅长与家里所有的家庭成员交流，因此即使把他交给这些不同的人他也会很高兴。但是，他仍然害怕完全陌生的人，直到他的交际技能足够成熟能够和周围的世界交流为止。

感悟

你值得提前阅读下一章的第2节来了解更多的和这种早期交流有关的知识，因为这样能够帮助你了解离开宝宝时他为什么难过。

日托托儿所好不好

在当前社会超过70%的母亲在宝宝1岁内重返工作岗位，超过95%的父亲做全职工作，如果宝宝只依恋一到两个人，这种情况会给当前社会带来什么启示?

如何育儿部分受到政府思维的影响，有人认为当前的政府好像赞成日托托儿所而不推崇其他育儿方法。在瑞典，父母可以选择增加产假和陪产假或者日托托儿所。一般来说，他们选择的都是增加假期。所以在瑞典现在几乎没有婴儿入托托儿所。但是在英国这还不是一个现实的选择，当前将近有250,000名3岁以下的幼儿上日托托儿所。上日托托儿所的孩子和以前的孩子相比比例有了大幅度的提高，此外，宝宝在日托托儿所待的时间也增加了，有一些孩子一周待五天，一天要待上十个小时。

不幸的是，有证据表明这种长时间的育儿对3岁以下的孩子来说并非最佳选择。国家儿童健康和发展研究所几年来一直在研究美国日托中心里的幼儿，每隔几年发表一次他们的研究结果。在英国相似的研究正在伦敦大学进行。学前教育的有效监督机构一直跟踪报道从出生到现在的3,000名孩子，佩内洛普和他的同事也在对英国的1,200名孩子做纵向研究。

所有的这些研究都得出了相似的结论：对1岁以内的婴儿进行每周超过20小时的日托护理，会导致43%的婴儿形成不安全依恋关系，但是只有部分时间上日托或根本不去日托的婴儿中，只有26%的婴儿形成不安全依恋关系。

上日托的婴儿还被发现他们的皮质醇水平（压力荷尔蒙）高于在家里由父母照顾的婴儿。即使这些婴儿看起来比较安静、容易接受别人，但是在内心他们的压力可能特别大。

感悟

这些研究结果和我自己的经历相符。我仍然记得为了宝宝我去参观一家日托托儿所的经历。那是一家私立托儿所，非常整洁，配备着各种各样的颜色鲜艳的玩具等等。但是那里所有的员工都很年轻，这是他们的第一份工作，她们是刚获得资格证的保育员。那里的宝宝看起来很安静，但不是特别高兴。最后我选择了另外一家托儿所，坐落于一个村子的大厅里，有点破旧，玩具也很旧，但是照顾婴儿的工作人员岁数比我大许多，那里的婴儿好像很喜欢他们。

我们刚才已经谈到，学前教育监督机构发现对于3~5岁的孩子来说，尤其对来自于不理想的家庭背景的孩子来说，学前教育经历有助于孩子学习。但是，孩子一周在日托托儿所待20个小时效果最好，全日制上托儿所并不会带来什么额外的优势。此外，从长远的观点来看这些优势只是暂时的，除非这个宝宝特别缺乏家庭环境。一直在家里抚养的宝宝一旦开始上学，他们的智力水平很快就能赶上来。

日托托儿所怎样才能照顾好婴儿

婴儿需要和一两名成年人互动来发展基本的交际技能——主体间性——这是他们的语言、学习和社交行为的基础，（参看本部分下一章第2节）。

婴儿将会与和他互动的人形成依恋。在宝宝醒着的绝大部分时间里如果有好几个人一块儿照顾他，可能他不会对任何一个人形成依恋。换尿布时玩游戏，进行富有激情和爱的眼神接触的贴心护理和专业护理是两码事。工作人员无法流露出父母能够流露出的真实的关爱之情，即使他们再怎么努力也无法做到。

托儿所可以指定一名员工负责照顾几名婴儿，以此对婴儿的需求做出积极响应。只要这名员工只负责照看几个婴儿，并且对和他照顾的婴儿之间建立亲密关系感兴趣，婴儿早期的依恋才能够形成。大概他的报酬要高一些，这样他才有可能留下来。不幸的是，英国的很多家托儿所都是以营利为目的的商业机构，价格竞争非常激烈，不可能一直有能力支付这种类型的护理。

替代托儿所的机构

英国存在着可以代替托儿所的组织：在过去代人照看孩子服务因为看护孩子情况不理想遭到了取缔，但是近年来国家托儿协会通过颁布两项质量保证计划提高了英格兰和威尔士的代人照看孩子的标准，其中的一项针对国家通过的代人照看孩子网络（国家托儿协会孩子第一），另一项针对个人照看孩子者（国家托儿协会质量第一），请参看www.ncma.org.uk（SCMA苏格兰的国家托儿协会有相同的计划，www.childminding.org）。

研究过托儿所里婴儿的皮质醇水平的研究人员也研究了由保姆照看的婴儿的皮质醇水平，他们发现如果保姆能够积极响应婴儿的需求，这样的婴儿的皮质醇水平正常。

因此我们需要看重的是替代护理的质量和这名护理员是否真正关注宝宝——孩子即使待在家里却没有得到父母的关怀，他们并不比上专职日托的孩子好到哪里去，例如，有酗酒成性的父母的孩子被发现有较高水平的皮质醇。

另外一个问题是在孩子很小时就由别人照看会导致很多母亲不能够像以前那样关心宝宝的后果。也许是因为母亲很少有时间陪伴宝宝或了解宝宝，也有可能是母亲认为自己需要重返全日制工作，她们需要和宝宝早早分开，所以她们避免和宝宝过于亲密，尽量在感情上和宝宝保持一定的距离，这样她们和宝宝分开时两个人都不会太痛苦。

感悟

这种现象可以理解却令人担忧。如果你正打算早早地返回工作岗位，现在你需要做的就是在产假期间多多关注宝宝并尽量不要去想以后的事情。

爱上自己的宝宝将会使你在离开宝宝时感觉痛苦万分，但是对宝宝来说，当你必须离开他时他已经对你形成了稳定的依恋关系更重要。

个案研究

凯西比她原先想象的还要愿意呆在家里照顾黛西，现在已经开始对重新工作的想法感到恐惧。生孩子之前她从来没有想到自己竟然渴望成为一名“全职妈妈”。她感觉产假度过得如此之快……

你几乎无法想象做母亲是什么感觉，除非你成为了母亲，而这使像凯西一样原先认为在宝宝很小时就愿意重新工作的母亲们进退维谷。与其对自己的想法的改变感到内疚，凯西应该努力审视一下她的选择。她真的需要重新去工作吗？她的家庭有没有足够的经济能力让她晚一段时间上班？还有许多其他的选择，例如灵活的工作时间或兼职工作，这些都值得考虑一下。

十件需要记住的事情

1. 婴儿只对几个人尤其是和他们互动的几个人形成依恋关系。
2. 这并不意味着母亲们应该一直待在家里照顾她们的宝宝。
3. 这是指应该避免让特别年幼的孩子长时间地上托儿所。
4. 但是，英国当前的儿童保育结构在培养情绪稳定的孩子这方面并不是一直具有引导性。

5. 除了父母照顾孩子之外，还有一些机构能够照顾好孩子。

6. 你可以考虑一下你和你的爱人灵活工作的可能性，这样你们可以分担照顾宝宝的任务。

7. 也许你值得核实一下有没有其他家庭成员或朋友替你照看孩子。也许你可以和一位你信得过并且孩子和宝宝同龄的朋友替换着照顾孩子。

8. 另外一个办法就是寻找一位合格的注册保育员，重要的是你要了解或信任他，或者是别人向你推荐过他。如果你能找到国家托儿协会计划里的成员会更好，因为他们可以得到更多组织上的支持并接受过更多培训。

9. 一定要在可能选择的保育员工作时拜访他，看看他如何和他照顾的孩子互动。如果他欢迎你的到来，并停下手头的工作和你絮叨不休，也许他不是你想要的类型。如果他照顾的孩子中有一个脾气暴躁的学步期婴儿请不要对他丧失兴趣，也许你的宝宝喜欢额外刺激！

10. 尽量在托儿所上班期间视察一下托儿所（不是在特别安排的开放日），观察一下保育员如何与孩子们互动。也许你很容易被贵重的玩具和设备所吸引，往往忽视保育的质量，尤其当你刚刚为人父或人母，没有什么经验时。相反，你要查明这家托儿所的员工流动率如何，确保将会有一位指定的保育员负责照顾你的宝宝。有可能的话，你还应该见见这位指定的保育员并看看他与你的宝宝如何互动。

第4节

成为一家人

在本节你将会学到：

- 有了宝宝对父母关系的影响
- 父亲如何和宝宝互动
- 父母离婚对宝宝有什么影响
- 如何经营再婚家庭或单亲家庭

传统上组成一个家庭有一个模式可循。先辈们求偶时一般需要花上一段时间，然后订婚、结婚，最后夫妻开始拥有自己的宝宝。在那个时代，妇女生完孩子后通常停止工作，待在家里做全职母亲抚养孩子。没有通过婚姻出生的孩子是奇耻大辱，绝大部分婚外出生的孩子由别人抚养长大。如果夫妻关系出现了问题，别人会力劝两人克服困难，甚至抑制或忽视这些困难，离婚或分居是不太被大家接受的解决办法。

这种传统的家庭结构存在许多不当之处，尤其是在传统的核心家庭中，妇女由于劳动的分工感到窒息，感到被剥夺了权利，对她们来说情况更是如此。但是就孩子而言，这种家庭结构却有很多值得赞扬的地方，因为孩子的身心健康、良好的行为和学术成就都依赖于稳定的家庭背景。

当前传统的家庭结构已经发生了天翻地覆的变化，千禧宝宝研究（www.oneplusone.org.uk）发现成为父母的人中只有60%的人结了婚，25%的人在同居，还有其他15%的人是单亲。这些人有的分居，有的离了婚，有的只是关系亲密的伙伴，还有的甚至只是普通朋友。

孩子的出生给父母的关系带来了巨大的压力，因此如果父母正在互相了解对方，或者在宝宝出生前他们的关系还不是特别稳定，在宝宝出生一年后他们能够一起生活的可能性很小（94%的已婚夫妻在宝宝出生一年后依然生活在一起，75%的同居情侣仍然生活在一起，但在宝宝出生前正陷入浪漫爱情的情侣中有48%的情侣已经不在一块儿生活）。许多夫妇在担任父母的新角色的同时无法巩固他们的感情。

但是有18%~30%的夫妇在有了宝宝后感觉他们的关系有了进一步改善。对我们绝大部分人而言，成为了父母会给双方的关系造成巨大的压力。

处于压力下的关系

有了宝宝后你和伴侣的关系为什么面临压力?

- *照看孩子需要许多时间，这意味着你们花在对方身上的时间减少了。*
- *你们彼此之间的交流减少了。*
- *当你们不交流时，误解就会产生。*
- *疲惫和缺乏交流意味着性生活的减少和亲密程度的降低。*
- *夫妇经常发现他们自己被迫进入了传统的劳动分工的境地，如果分工不明确他们会对此感到愤愤不平。*
- *产后抑郁症（父亲或母亲）会对双方关系造成影响。*
- *一个难以应付的宝宝会使这些问题进一步恶化。*

感悟

既工作又要照看孩子的压力增加了现代父母的负担，每一分钟都要精打细算，没有时间休息和彼此相处，因此生活变得一团糟。

有趣的是，千禧宝宝研究发现宝宝出生后一年内，妈妈对和伴侣的关系不再抱有希望，而对于爸爸来说，他一般在宝宝出生后的第二年对这种关系不再抱有希望。但是，爸爸对伴侣感到不满意会使他越来越漠视宝宝，而这会造成妈妈对他的怨恨越来越深，这就陷入了恶性循环，爸爸对妈妈感到越来越失望，所以他与宝宝的距离越来越远，等等。

感悟

虽然在宝宝出生后的一年内你会感到劳累过度和疲惫不堪，但是你要给彼此留出时间，彼此保持开放的沟通渠道，这点非常重要。定个协议，定期交流彼此的感受——只谈该谁洗碗这样琐碎的事情是不够的——为了保持和谐的关系，这样的交流不是你所需要的。

一些建议：

- *每个周六下午，用背带背着宝宝或用婴儿小推车推着宝宝和你的伴侣一块儿散步并聊聊天。*
- *每两周一次找别人帮着照看宝宝，你和伴侣出去吃一顿饭。宝宝照看团体是一个不错的主意，你可以和其他的家长轮流照看孩子。你自己可以和其他参加产前课程的人组织一个这样的团体。*
- *周日早上轮流休息，让自己和伴侣补充体力。*
- *有需求时向你的伴侣开口。*
- *不要期望你的伴侣做任何事的方式都和你一模一样，而是对对方的帮助表达感激之情。*

父亲和宝宝

在照看宝宝过程中，父亲发挥的作用近年来发生了显著的变化。在20世纪60年代，一般不提倡父亲参观宝宝的出生过程，孩子出生后晚上提供帮助的父亲占少数。而现在绝大部分父亲在宝宝出生时待在现场，绝大部分父亲会夜里起来帮助照顾宝宝。

谁负责换尿布?

有趣的是，给宝宝换尿布的父亲的数量一直没有什么变化：在20世纪60年代大约有40%的父亲从来没有给宝宝换过尿布，今天这种情况没有什么变化。大约有20%的父亲说他们在过去“经常”给宝宝换尿布，同时也有20%的父亲说他们现在“经常”给宝宝换尿布。尽管父亲现在越来越多地照顾宝宝，母亲仍然做大部分的婴儿基本护理工作，而父亲往往花时间陪宝宝玩耍或参加一些娱乐活动。

父亲和母亲的不同

虽然男人和女人同样能够抚养孩子，但是他们抚养孩子的方式有些不同。女人倾向于充当“滋养者”的角色——她们设法接触孩子、与孩子建立亲密关系并回应孩子，而男人倾向于做一名“鼓励者”——他们重视孩子的独立性，鼓励孩子的冒险行为。虽然这两种方式同样都有效，但是当一方重视自己的育儿方式而轻视另一方的方式时，许多问题就会产生，例如，如果强调孩子的独立性比和孩子建立亲密关系重要，这样也许会破坏亲密纽带的形成过程，具有讽刺意味的是，这样反而会干涉孩子独立性的自然发展，我们在前面的章节已经看到了这一点。

感悟

理解对方的做法很重要。你和伴侣抚养孩子的方式不同，你们需要重视对方的做法。宝宝需要妈妈的拥抱、关心和保护，但当她看到爸爸时小脸会喜形于色，准备在爸爸身上蹦跳，被爸爸抛来抛去和挠痒痒。

孩子大一些时，一方对孩子谨慎而另一方鼓励孩子尝试新事物对孩子来说未尝不是一件好事——这样能够平衡彼此的做法。努力做你认为正确的事情，不要老想着告诉你的伴侣如何去抚养孩子——两种不同的方式会给宝宝带来不同的收获。

有一些父亲认为孩子一旦学会说话，孩子理解起来相对容易一些，因为他们不再需要依赖非语言符号来理解孩子。一旦孩子能够交流，父亲们倾向于喜欢和孩子交谈并教授孩子知识，而母亲们重视建立亲密关系的谈话。

我们刚才已经说到，在孩子很小时如果鼓励父亲和孩子建立亲密关系并给他提供这样的机会，一旦这种亲密关系形成，父亲会用和母亲相似的方式和孩子互动，他们与孩子互动得越多，他们变得就越来越温和慈祥。有趣的是，针对90个非工业团体的研究发现父亲越能够参与抚养孩子，母亲在那个团体的地位就越高。

感悟

不幸的是，父亲很容易被阻止参与养育宝宝。母亲在宝宝很小时经常和宝宝单独相处很长时间，她需要靠近宝宝给他喂奶，当然她也很渴望了解这位初来乍到者。

但是，如果父亲得不到和宝宝单独相处的时间，最后也许他会感觉自己笨手笨脚而把所有的事情都留给母亲去处理。

有趣的事实

父亲如何和宝宝建立亲密关系

是什么帮助父亲爱上他们的宝宝？在瑞典，实验人员进行了一项研究试着发现这一点。研究人员发给参与者一模一样的T恤让他们闻。有一组T恤刚洗过，另一组新生儿穿了几天，第三组2~4岁的孩子穿了几天。

研究人员发现妇女不能够区别这些T恤，实际上她们更喜欢刚洗过的T恤。男人，尤其是有了宝宝的父亲，却喜欢散发着新生儿气味的T恤。

通过分析这些T恤的化学成分，研究人员发现男人喜欢的T恤有信息素的味道，他们认为新生儿释放这种气味是为了反击来自男人的任何攻击。这一结论符合另一个发现：新生儿父亲的睾丸素水平较低，这样会使他们更温和、更放松。（但是如果你认为这种结论意味着母亲对自己的亲生宝宝不敏感，请回头看一下第1部分第2节。）

单亲家庭

当父亲成为单身父亲时，他们往往会改变自己抚养孩子的方式，他们自己变得更像母亲。

他们会和孩子形成更亲密的关系，粗野的游戏和翻筋斗的游戏减少了，相反，他们会更多地参与智力和创新活动。有一些单亲父亲比母亲更具有克制性也许是真的，但是有一些却很难做到这一点——据统计单亲父亲更有可能打孩子。有许多单亲家庭——无论是单身父亲还是单身母亲——发现和孩子平等相处的抚养方式效果不错。

单亲家庭并不是最近才出现的现象，但是当前各种因素叠加在一起使单身父母亲的工作难度高于以前。

几代人之前，绝大部分人生活在一个大家庭里，祖父母、阿姨和叔叔等都生活在附近，都是日常家庭成员的一份子。但是现在已经很少有这种和亲戚住得很近的家庭了。所有的父母在家照顾孩子时都会产生与世隔绝的感觉，但是如果没有人分担你的焦虑和忧愁的话，这种感觉会变得更糟。

除了离群索居，贫穷是单亲家庭面临的另一个负担。美国的一项研究表明没有父亲陪伴的儿童和有父亲陪伴的儿童相比，成为贫穷儿童的可能性增加了4倍，而在英国绝大部分生活在“贫困线以下”的儿童来自于单亲家庭。当前的生活成本适用于双收入家庭——这一点可以从房价、租金、假期甚至食物上反映出来。虽然批量购买食品可以省钱但是有一小部分商品花费更多，这多么令人沮丧!

离婚对孩子的影响

虽然问题儿童更有可能来自于非传统的家庭结构，但是来自于家庭内部的压力才是造成不安全依恋型儿童的罪魁祸首，而不是家庭结构本身造成这种问题。父母之间的冲突不管会带来什么后果，毫无疑问会给孩子造成压力。父母虽然生活在一起但如果整天打架，会给孩子带来压力；父母分居和离婚也会给孩子带来压力。因此不是离婚和分居造成了问题儿童，而是冲突本身造成了这个问题。

孩子年龄不同，离婚对他们的影响也不同

学龄前儿童会感到心烦不安但是不一定能够理解离婚是怎么回事；学龄儿童能够理解这件事，但是不大能够坦然接受——他们还会幻想父母重新一起生活；而青少年往往感到羞愧和生气，或者袒护双亲的一方。

在父母离婚后，许多孩子面临患上中等到严重程度的抑郁症的风险，一般持续5年或更长时间。最好的结局是孩子能够同时和父母发展良好的关系，并且避免发生冲突。

父母离婚后孩子经常看起来更独立。母亲和女儿看起来能够恢复她们之间的关系，相处起来没有什么问题，但是母亲和儿子之间往往出现更多的冲突。事实上，离婚对男孩的影响好像更严重。他们往往继续出现行为方面的的问题，和来自于完整家庭的孩子相比，他们长大后更容易出现反社会、与社会不相容的行为。在充满压力的环境中长大的男孩更有可能年纪轻轻便成为了父亲，并且很有可能不与他们的孩子生活在一起。

智力上对孩子也会造成影响。如果一个父亲非常关心他的孩子，他的孩子和没有受到父亲关注的男孩相比更擅长语言技巧，他的女儿和没有受到父亲关注的女孩相比具有更好的社交和认知技能。

如果有一位全职家长能够花大量的时间与孩子互动（在单亲家庭中这种可能性很小，尤其是孩子的父亲或母亲必须上班），这样的孩子不论男孩还是女孩在成绩测验中得分都比较高。

美国大学里的入学考试成绩，撇去家庭的社会经济地位不说，表明来自于单身母亲家庭的学生的分数特别低。还有证据表明家庭里没有父亲的儿童的辍学率是家庭里有父亲的儿童的两倍。

我们刚才已经提到，最近进行了很多关于母亲单独抚养孩子的研究，结果发现这些孩子和来自双亲家庭的孩子相比，他们与母亲互动得更多，他们发展了更安全的依恋关系，但是他们的自尊比较低。

感悟

如果是你自已抚养宝宝，你要确保有足够的时间陪伴宝宝。就宝宝而言，情绪安全感比经济保障重要得多，所以你最好在前几年少做其他事情，只有当宝宝到了上学的年龄后你再恢复全职工作。

有趣的事实

单亲家庭不是新现象！

有趣的是，纵观历史，当前的婚姻破裂率并不是最高的。

在前工业时期和19世纪的英国，有1/3的婚姻过早结束——和今天的比例差不多，但是当时的婚姻经常是由于死亡而结束——例如，8%的母亲死于难产，还有一些婚姻由于正式分居而结束（直到1957年，在英格兰和威尔士离婚才视为合法）。

对祖父母的影响

近年来出现的和家庭破裂有关的一个问题是祖父母（外祖父母）在儿子（女儿）离婚后失去了看第三代的机会。英国的一项研究发现祖父母在被剥夺了接近孩子的权利后长期痛苦，出现心理健康甚至创伤后压力问题。

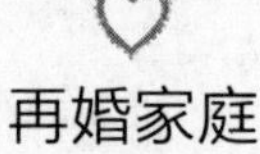

再婚家庭

绝大部分新生儿父母刚开始都是夫妻。如果夫妻关系破裂，许多单亲父母并不想永远单身，绝大部分单亲家庭也不会持续多长时间——再婚是一个普遍的现象，所以我们还需要探讨继父母对孩子造成的影响。有证据表明继父好像可以改善儿子的情况，但会使女儿的情况变糟，因此儿子在家庭破裂时需要更多的帮助，而女儿在家庭重组时需要更多的帮助。

同性恋家庭

如果孩子由同性的双亲抚养会对他们造成什么影响？研究表明在同性恋家庭长大的孩子的性别认同和性取向和在异性恋家庭长大的孩子没有什么不同。但是，他们有可能出现更多交朋友方面的问题，也许是因为别人奚落他们没有传统的家庭结构造成的。你要意识到这一点，一定要确保交流渠道的开放。你要做的第一件事就是教宝宝积极意义的词汇，让他用这些描述你们的家庭结构。

不管你的家庭结构今天是什么样，明天也许就会发生变化。现在的家庭比以前的家庭更多变。单亲家庭也不会持续多长时间——平均来说大约持续三年半时间。具有讽刺意味的是，当我们在思考单亲家庭给孩子造成多少负面压力的时候，有一些孩子却因为父母再婚遭受了更多痛苦。这位闯入者和他们争抢父母的注意力，所以他们经常感觉受到了威胁。如果随继父或继母而来的还有别的孩子，这种情况更令孩子担忧。所以父母需要特别小心地处理新家庭的关系，如果可能的话你可以寻求支持和建议。

个案研究

丽贝卡怀孕期间她的伴侣离开了她，现在她单独抚养爱丽丝。她感觉自己的生活井然有序；她的母亲住在附近，很热心地帮助她，并答应等她重新做兼职工作时照顾爱丽丝。尽管如此，丽贝卡有点儿担心爱丽丝没有父亲在身边会对她有什么影响。

听起来丽贝卡的生活有条有理，爱丽丝应该养得不错。没有父亲好像是一个问题，但是丽贝卡以后也许能够找到一位男性朋友或男性亲戚，他愿意通过力所能及的方式来充当这个角色。如果丽贝卡与别人建立了关系，她需要仔细而敏锐地处理这个问题，慢慢而又积极地向宝宝介绍她的新伴侣。

十件需要记住的事情

1. 当前的家庭结构比以前的家庭结构更加多样化。

2. 有了宝宝给所有的关系带来压力，尤其是非传统的家庭结构。

3. 男人和女人抚养孩子的方式不同，这两种抚养方式同样重要。

4. 家庭不和不论最后是不是导致分居或离婚都会对孩子造成影响。

5. 男孩比女孩更容易受到家庭紧张关系的影响。

6. 如果你是一位单身父亲（单身母亲），你会出现与世隔绝的问题，所以你要尽量发展你自己的“大家庭”。父母和儿童团体、照看孩子团体等等显然能够给你提供友谊和支持，同时你还要利用你的邻居。也许有一对老年夫妻同样感觉和自己的家庭隔离开来，他们愿意成为你的家庭的一员！向卫生随访员咨询相关资料、联系方式和想法等。

7. 姜饼人同时经营针对单亲父母的地方支持团体（www.gingerbread.org.uk）

8. 贫穷也会构成一个问题；确保你得到了你应该得到的所有的福利。多留意旧货店或几乎全新的店铺。易贝网和车库拍卖对手头拮据的单身父母来说是一种福利。

9. 新恋情——想把这种关系处理好，会异乎寻常的困难。新组建的家庭会给孩子带来痛苦和压力，但是最终，如果它起作用的话，会和过去的大家庭一样发挥着重要的作用。预想到在此期间你的孩子不管年龄有多大他们都会带来很多麻烦。

10. 联系家长热线及其他服务会对你有所帮助。

第5节 婴儿在家庭中的地位

在本节你将会学到：

- 出生的先后顺序是否影响婴儿的性格
- 同胞相争对婴儿有什么影响

80%的人都有大几岁或小几岁的兄弟姐妹。有一些兄弟姐妹融洽相处、互相做伴和提供支持，而有一些兄弟姐妹却不断地打架。但有一点很清楚，那就是这些同胞很少对彼此漠不关心。

兄弟姐妹之间的关系

毫无疑问的是，有一位兄弟姐妹更能够让孩子意识到别人的存在，他们能够更深入地理解社会关系和别人的观点。有一些孩子能够容忍年幼的弟弟妹妹，而有一些孩子在最好的情况下持有模棱两可的态度，而在最坏的情况下充满敌意，这些反应在全世界都会发生。

确保这种关系有一个良好的开端非常重要。一项研究表明当孩子1~3岁时，有弟弟或妹妹出生时，如果他们在弟弟妹妹刚出生后的几天就对弟弟妹妹感兴趣和表示关心的话，在接下来的6年里，如果弟弟或妹妹受了伤害或感到沮丧，他们更有可能表示关心。

在另一方面，在成长期有一位不友好或持有敌对态度的哥哥或姐姐相伴的孩子长大后更有可能变得焦虑、压抑或者好斗。同时，如果孩子认为他们的兄弟姐妹得到了父母更多的关注和关爱，他们更有可能变得富有攻击性和不易相处。

有一位兄弟姐妹的确会让孩子产生强烈的情绪——爱、恨或者嫉妒（或者是三种情感的混合体）。当他们年幼时，他们对彼此有用，例如他们互相利用来检验人际关系或者尝试着交朋友。在此过程中，他们在关爱和仇恨中左右摇摆，但是父母是否告诉他们这些情感和使用这些措辞来解释他们的行为会造成巨大的差别。

感悟

这种解释可以真正帮助兄弟姐妹之间创建积极的情感关系。

个案研究

我们来举个例子，3岁大的汤姆刚刚从6个月大的本手里抢走了一块砖形乳酪，结果本大哭起来。他们的妈妈伊莱恩可以责备汤姆，但是最好的处理方式就是告诉汤姆他的做法是不对的——不被接受的——然后指出他这种行为带来的后果，让他想一想他这种做法让弟弟怎么想。

“这件事你做的不对，汤姆，你不能抢本的玩具。看看，本正哭呢。你认为他会有什么感觉？如果有人抢了你的东西你会怎么想？”

如果汤姆积极回应这件事——例如，他意识到本很难过，因而自己也感到难过——她可以要求他把玩具还给本并表扬他。但是，让汤姆去做这件事确实困难，如果这一次他没有积极回应也不要去逼他，这点非常重要。如果伊莱恩用这种方式继续明确表明她的态度，过一段时间汤姆就会开始对弟弟具有同情心。

有趣的事实

自然的年龄差距

虽然孩子之间的年龄相差4岁以上在我们社会并不常见，但是这也许是我们的祖先经历过的。人类学家认为对于历史长河中的人类来说，由于正常的长时间的母乳喂养具有避孕的效果，所以妇女的生育时间会相隔4~5年。

出生顺序的影响

你的性格、智力甚至你的职业选择也许受到你在家里出生顺序的影响，这真是一个有趣的观点。阿尔弗雷德·阿德勒（1870-1937）是奥地利的精神病学家，当代的西格蒙德·弗洛伊德和古斯塔夫·荣格，也许他是发布性格形成理论的第一人，他的理论包括出生顺序动态分析，其实这种说法已经存在了几个世纪。

感悟

这种说法并不像我们听起来那么怪诞，你在家里的出生顺序比西方的星座和中国的生肖可能更具有影响力。

有一点需要注意的是虽然出生顺序看起来明显地给我们带来影响，但是其他因素经常比它更重要。例如，有些孩子的表现和家人有明显的不同。假设一个稳定的家庭背景更重要的话，出生顺序的总体影响将部分取决于你对宝宝的行为。也许你会有意识地“对症下药”，把出生顺序的影响降到最低点。

同时，也许你不知道宝宝是最年幼的孩子，或者是家里唯一的孩子或者其他什么的。也许你打算生更多的孩子但是没有成功或者意外地又生了一个宝宝。

当前绝大部分家庭规模都很小，因此前几代中注意到的影响现在已经不再适应了。阿尔弗雷德那个时代，当时的大家庭非常普遍。间隔也非常重要，如果两个孩子出生的时间相隔5年或更多的年限，下一个孩子出生时刚好你又组建了一个家庭，因此下一个孩子会出现头生孩子的特点。也许这是因为孩子的大哥或大姐更像大人而不像孩子。孩子的性别也很重要，例如，接连出生几个男孩后出生的女孩会被视为更“特殊”。

我们刚才已经说到，出生顺序通常具有下面几种影响：

头生孩子（弟弟妹妹 5 年之内出生）

头生孩子和晚出生的弟弟妹妹相比态度认真、具有社会主导地位、不太随和、不大能够接受新思想，这种情况在整个社会看起来都是如此。

头生孩子在家庭成员中经常取得最高成就，即使他们的智商和弟弟妹妹一样（通常他们要比弟弟妹妹高3.5分）。但是，他们可能感觉更焦虑、更没有安全感 。在以后的生活中，他们有可能成为独裁者或变得非常严厉。

为什么会出现这种现象？你的头生宝宝最初只和大人交流，因此会比他的弟弟妹妹得到更多智力方面的刺激。但是，当他的弟弟妹妹出生后，他有可能感觉父母不再爱他，在他感觉输给了新出生的弟弟妹妹时感觉更是如此。因此他有可能会吸引别人的注意力，寻求别人的尊重、崇拜和赞同而不是去寻求失去的爱。

头生孩子长大后经常害怕再次失去第一的位置，这让他们越来越反对冒险。但是，有时候弟弟妹妹很崇拜他们的大哥大姐，这样在一定程度上可以缓和这种情况。

父母经常把老大看作额外的助手来使用，因此头生孩子和弟弟妹妹相比会感觉自己的责任心更强，少了些无忧无虑。有一些父母会过度保护或宠爱第一个孩子，而有一些父母对第一个孩子要求很严，设定的目标很高。

感悟

另外一件事情就是头生孩子和弟弟妹妹相比在晚上打扰父母的时间更有可能超过3个月。

排行中间的孩子（和哥哥姐姐、弟弟妹妹相差不到5岁）

从传统的观点来看处在这个位置很难：最初他们必须和哥哥姐姐分享父母的关爱，当弟弟妹妹出生后，兄弟姐妹之间会展开更激烈的竞争来争夺更少的和父母相处的时间。

排行中间的孩子的共同特点是：熟练的调停者、善于避免冲突、独立、对包括朋友在内的同龄团体的强大适应性。

为什么会出现这种现象？因为他们需要相当熟练地吸引父母的注意力，所以他们发展了良好的社交技能。同时他们经常发展不同寻常的才能，看起来他们好像在寻找出人头地的方式。有一些变得具有音乐天赋，有一些成为了企业家。有一些排行中间的孩子可能变得比较叛逆或我行我素。好像是他们被驱使着去竞争，但是意识到这项任务几乎不可能实现时，他们选择了放弃。

根据阿尔弗雷德的看法，排行中间的孩子脾气比较温和，喜欢采取要么接受要么放弃的态度，感觉不得不在家里寻求和平。如果用一句话来形容排行中间的孩子，那就是“这不公平！”，这些孩子对不公正特别敏感。

感悟

另外一件事就是家庭相册中排行中间的孩子的单身照数量是最少的。在兄弟姐妹中他们信仰宗教的可能性最小。

最年幼的孩子（和哥哥姐姐相差不到5岁）

最年幼的孩子和家里其他的孩子相比被当做孩子来看待的时间更长，有可能被宠坏。照阿德勒看来，这是父母对孩子做得最坏的事情之一，往往导致孩子长大后具有依赖性、没有责任心和自私的性格。但是，值得记住的是阿德勒生活在维多利亚时代，对孩子慷慨地表示关爱在那个时代并不被认可。

也许你和最年幼的孩子在一起时更加放松；现在你知道自己正在追求什么，因为比较放松，你可能给这个孩子施加的压力要小一些。最年幼的孩子生活在对儿童友好的环境中会受益匪浅，因为他们既可以从大人那里也可以从哥哥姐姐那里学习知识。因此最年幼的孩子情绪比较稳定、友好和外向。他们看起来很有魅力，但也有可能被人认为喜欢操纵别人。在学校他们成为优秀的学生的可能性很小，即使智商非常高，也许是因为他们的学习压力较小的缘故。

独生子女

独生子女在某种程度上和头生孩子相似，他们最初的生活一样，但是独生子女永远不会面临需要适应弟弟妹妹的挑战。他们的行为可能更像大人，但也许更加以自我为中心，性格更加急躁。照阿德勒看来，如果他们过分受到宠爱，他们就会被宠坏，永远学不会需要等待才能得到自己想要的东西。但是，也有人辩解说他们会发展自我满足的意识，高兴独处。

独生子女，和头生孩子一样态度更认真、更具有社会主导地位、不太随和以及不大接受新思想。但是，独生子女看起来社交能力一点儿也不差。同时独生孩子好像还有这种情况：他们取得的成就较高，智商高于平均水平，但有趣的是，他们的智商低于头生孩子，通常比有一到两个弟弟妹妹的头生孩子的智商低2~3分。

这好像有悖于头生孩子或独生子女会从父母的额外关注中受益这种说法。如果这种情况是真的，那么独生子女将会比头生孩子更聪明才对。事实上，看起来头生孩子会从教导弟弟妹妹的额外刺激中受益。

感悟

我们许多人从来没有留意过出生顺序这个问题，下一次你在参与有关谈论星座的谈话时，你不要问朋友属于摩羯座还是白羊座，而是通过他们的性格猜一猜他们是家里的第几个孩子。

个案研究

卡里和安吉拉经过多年的等待后终于有了宝宝，他们非常高兴，但是他们总认为吉欧斯会是他们唯一的孩子。吉欧斯的表亲和亲戚住的地方距离他们有一定的距离，所以夫妻俩对孩子没有玩伴感到担心。

所有的研究都认为独生孩子长大后不会出现什么问题。卡里和安吉拉需要付出很多努力让吉欧斯加入到幼儿游戏班和类似的其他团体的孩子中去，也许还需要教吉欧斯如何和其他孩子互动，但事实上，有很多机会可以让宝宝融入到别的宝宝当中，父母用不着担心。

10件需要记住的事情

1. 重要的是，一开始你就要鼓励兄弟姐妹之间建立积极的关系。

2. 一直打架的兄弟姐妹长大后更有可能变得焦虑、沮丧和好斗。

3. 出生顺序对性格有影响，但是其他因素同样会造成影响。

4. 你需要意识到出生顺序会造成影响，并努力把负面影响降到最低。

5. 有时你可以试着对头生孩子的要求宽松一些、慈爱一些。

6. 有意识地想着给排行中间的孩子足够的独处时间。

7. 同样重要的是要避免一直宠爱最年幼的孩子。

8. 努力在孩子之间建立积极的关系，尤其是在家里的任何一个孩子出生后的几周内。

9. 重要的是你要花时间与孩子谈谈他们的行为的影响。

10. 鼓励孩子设身处地地思考，这样很有用。例如："当你做这件事的时候，你认为你的弟弟会有什么感受？"。

第6节 学会守规矩

在本节你将会学到：

- 孩子是否生来具有特定的性情
- 你的育儿风格怎样影响孩子的行为
- 当宝宝成长为学步期儿童时你的育儿风格可能会发生什么变化

父母发现他们的宝宝具有明确的个性时通常很吃惊。婴儿是否生来就具有特定的性情，还是后天形成的？我们能够在多大程度上影响孩子以让他们成长为特别的人？本节将探讨这些问题。

性情

甚至在孩子出生前就能预测他的性情看起来是有可能的。在子宫里时过分活跃的宝宝一出生，父母就经常说他们比较难缠、难以琢磨、适应能力差以及比较活跃。这也许暗示着宝宝生来就具有特定的性情，但是，他也有可能受到妈妈对他的行为的看法和对他的回应的影响。同样有趣的是，刚开始男婴比女婴更烦躁，刚出生的男婴往往更容易受到惊吓，比女婴更难哄。

看起来婴儿从一出生就有特定的行为方式，父母经常把宝宝分为“容易型宝宝”和“困难型宝宝”：

“容易型宝宝”是指婴儿能够自我安抚，性格开朗，能够独自入睡，不需要父母过多的关注。“困难型宝宝”是指婴儿经常啼哭，需要大人抱着，喜欢和父母睡在一起，情绪看起来不大稳定。

感悟

当然我们是通过西方透视镜来看待这个问题，很小就独立的宝宝被视为“容易型宝宝”，而需要许多关注的宝宝被视为“困难型宝宝”。什么是正常的宝宝和什么是不正常的宝宝这种观点肯定影响我们如何抚育宝宝。如果宝宝的某种行为被社会认可的话，那么我们做父母的面临的压力就会小一些，不会认为我们的宝宝出现了什么问题。

人们非常重视孩子的独立性。人们比较欣赏能够自我安抚、不要求父母的关注、和大人分开时不哭闹的孩子。如果一个母亲认可了这种评价，就会想当然地认为宝宝的依赖性是负面的，在宝宝需要和她亲近时，也许她认为做出回应是不对的，这样做的话就像我们在前边看到的那样，将会影响宝宝建立他的安全依恋型关系，从长远的观点来看将会影响宝宝的性情。

父母的回应和宝宝的性情

性情上比较难缠的婴儿对于父母来说极具有挑战性，将来更有可能面临出现行为问题的危险，但是如果父母能够用适合宝宝的方式回应宝宝，结果将会更积极些。例如，在宝宝啼哭时父母如果把他抱起来，绝大部分情况下，宝宝会停止啼哭，这样做非常值得。而另一方面，性格抑郁的母亲往往很少回应宝宝，这种做法将会影响宝宝对发生的事情做出积极回应的能力。

在一次实验中，母亲们被随意分成三组。第一组给了一条柔软的婴儿背带，第二组给了一把婴儿塑料椅，而第三组什么也没给。

在婴儿13个月大时，对母亲和宝宝之间的依恋关系进行了盲评（意思是指进行评估的研究人员不知道母亲和宝宝属于哪一组）。研究发现用柔软的背带背着的婴儿和其他两组的婴儿相比情绪更稳定，啼哭得少一些。

有趣的研究发现

回应宝宝并不会宠坏他们

荷兰的研究人员连续4年追踪100名孩子的成长情况，这些孩子的母亲在孩子啼哭时一般较少回应他们，有些孩子还来自于贫困家庭。

在一部分家庭里，实验人员教母亲在宝宝啼哭时如何回应他们，剩下的家庭里宝宝啼哭时母亲很少做出回应。研究人员发现在母亲对宝宝回应较多的家庭里，宝宝啼哭得较少。

如果宝宝发现他们对大人的依赖和需求不受欢迎的话，他们就会学会隐藏感情甚至开始认为他们不应该有感情（典型的喜怒不形于色的性格）。这些孩子长大后有可能很难识别自己的感情——如果别人没有向你解释过这些感情或者没有重视过你的感情你又如何识别它们呢？

★ *向宝宝解释他们的感情非常重要，尤其对于男孩子。当宝宝开始学习词汇时，你会不自觉地对他可能感兴趣的事物作出回应，所以你要有意识地努力给宝宝介绍他不大感兴趣的事物，作出评论并指出明确的社会关系。这样可以在一定程度上帮助宝宝进行"情商"的发育。*

感悟

情商这个概念相对来说比较新颖，也许这能够反映我们社会的一些情况，情感的表达一直被视为软弱的迹象，一直到最近才有所改观。

育儿方式随着时间的改变而改变

育儿方式在一定程度上还受到文化的影响，有些育儿方式不断轮回。

在20世纪初，大人非常清楚孩子应该有什么样的表现——他们不能大声嚷嚷。如果他们做不到这一点大人惩罚他们的方式同样很明确——“棍棒底下出孝子”。维多利亚时代的孩子通过暴力和恐惧被驯服。

在20世纪的发展过程中，体罚有所缓解，但是孩子们依然受到粗暴的对待——被打屁股、放任孩子啼哭不管被看作是“塑造性格”。

但是，在20世纪七八十年代，育儿理念得到了彻底改变，孩子们在感情被视为至高无上的文化中长大。父母以孩子为中心，体罚再也不被社会认可。

在20世纪90年代，野蛮的育儿方式又流行了起来，当时的畅销书籍主要是关于如何让孩子适应武断的惯例，父母不去回应孩子发出的信号，而是纠正孩子的行为来适应这种育儿方式。

这种类型的书非常流行不足为奇：当时绝大部分家庭里，父母都工作，有一小部分家庭还是单亲家庭。由于社会流动性，我们几乎无法获得来自大家庭人员的支持——结果就是疲倦的父母吃力地照看孩子。更糟的是，他们根本不了解最好的育儿方式。但是，就像我们在前面章节看到的，你需要把宝宝当作一个人来回应，要将心比心，忽视宝宝的需求并努力让他适应某本书上建议的某张时间表或某种常规，有可能会塑造出一个没有安全感的孩子，长大后他有可能不重视人际关系。

育儿方式——面向未来

虽然对宝宝做出回应非常重要，但是如果因此惯坏了宝宝该怎么办？随着宝宝慢慢长大你是否会宠坏他？你该如何教学步期儿童和更大一点的儿童守规矩，这样他们以后才会成为被社会认可的一员？

感 悟

当宝宝步入学步期或年龄变得更大一些时，你打算怎样养育宝宝，这确实值得去考虑。

研究育儿方式对孩子的影响的一个问题是，大家要一致同意一个操作定义，然后再研究育儿方式对孩子的影响。从心理学的观点来看，一般来说，我们可以把父母分成以下三种：专制型父母——对纪律和行为要求很严，并且这些纪律和行为是不可协商的；权威型父母——对纪律和行为有自己的主张，他们愿意向孩子解释这些纪律和行为，也愿意与孩子讨论这些内容，也许他们还会对孩子做出让步；纵容型父母——对纪律和行为的要求不严。这个问题还有另一个方面需要考虑，就是父母对孩子的关注度。例如，由于父母不感兴趣而看起来对孩子表现很宽容，这完全不同于选择对孩子宽容并且一直在思考如何对孩子宽容的父母。所以如果你把这两点都考虑进去的话，你会发现一种四维的分类：

	有回应	没有回应
要求严格	权威型	专制型
要求不严格	纵容型	不参与型

上面的研究表明了什么？在针对122名学龄童的一项研究中，研究人员通过观察父母在家里的表现来为他们的育儿方式分类，并让学校里的老师和同学给这些学生打分。这项研究发现权威型父母的孩子比较受欢迎并善于社交，而专制型父母的孩子则会受到别人的排斥。

另外一项规模更大的研究（6,400名孩子）通过让父母做问卷来给他们的育儿方式归类，结果发现权威型父母的孩子学习成绩要好一些。有一点非常有趣的是，如果父母经常参与孩子的家庭作业，这对于权威型父母的孩子有帮助，而对于专制型父母的孩子却没有帮助。也许是因为专制型父母的孩子受到了过分批评，从而导致了孩子缺乏信心和选择权。有趣的是，对于纵容型父母的孩子的学习情况还没有相关研究，但是我们知道没有父母的参与总体上对孩子来说不会有什么帮助。

在宝宝的这个阶段，也就是说，在他1岁内，你用不着担心他的纪律问题，重要的是你要给宝宝提供一个充满爱而又在社交上富有刺激的环境。但是，当你展望未来时，随着宝宝步入学步期你将要怎样养育宝宝是值得考虑的。看起来权威型育儿对培养一个快乐、健康而又可爱的宝宝来说是最有效的育儿手段。这意味着：

★ *制定严格的规矩并坚持实施。但是，这也意味着你要对它有明确说明——解释清楚为什么有些事情是不对的，而不是直接将你的意志强加给孩子。*

★ *孩子做错了事情要接受惩罚。*

★ *对于孩子良好的行为要通过多种方式奖励。*

★ *给孩子提供始终如一而又充满关爱的育儿方式。*

感悟

为了制定严格的规矩，现在你要开始思考什么对你来说比较重要，什么对你来说不大重要，以及你打算怎样回应宝宝做的不同的事情，这样会给你提供帮助。如果宝宝跑到马路上，咒骂一位老奶奶、张着嘴咀嚼食物或偶然丢了什么东西，你不能用同样的方式来回应他。有些事情你永远不能允许孩子去做，如果孩子做了这些事你必须要惩罚他，而其他的事情可以协商处理。

育儿需要具备什么条件

在当前的政治气候下，有很多关于教授父母育儿技巧的谈论：我们需要什么资源来达到良好的育儿效果？有一种范本认为有三种因素影响育儿的效果：

★ *个人的心理素质*

★ *支持来源*

★ *孩子的性格*

有一些干预措施专注于改进第一方面——个人的心理素质，尤其是努力提高父母的敏感度来影响孩子的安全依恋关系。还有一些干预措施致力于改进第二方面，通过卫生随访员、教育和心理治疗给父母提供越来越多的支持。

这些研究发现提高父母对孩子的敏感度是可行的，但是要想提高孩子的依恋安全感相当困难，主要是因为这些干预措施致力于改变行为而不是改变更深层次的态度。

感悟

不知道你是否还记得前面章节里的内容：将心比心。也就是说，回应宝宝可感知的心理状态而不是回应宝宝的行为会影响到宝宝的依恋关系。

对于帮助父母养育困难型儿童——第三个方面——大家还在继续讨论。这个问题的一部分需要重返“先天和后天”的争论——困难型儿童是因为儿童通过基因遗传了他们的行为，还是因为他们父母的行为方式造成的影响？当然我们需要意识到孩子对生活在其中的环境有一定的影响：父母的行为受到孩子行为方式的影响。同时有人在争论父母或者学校是否对年龄稍大一些的儿童有更大的影响。

个案研究

菲欧纳和鲍勃对于他们的两个孩子表现出的巨大差异感到吃惊不已。亨利，他们的大儿子，曾经特别爱哭闹，需要一直抱着，而现在是一个健康而又快乐的学步期儿童。而他们的新生儿托马斯安静而又知足，看起来只喜欢坐在宝宝椅里看亨利跑来跑去。

孩子们确实有不同的性情，这与他们的父母无关。菲欧纳和鲍勃应该庆贺他们帮助亨利成长为一个健康而又快乐的学步期儿童。托马斯安静而又知足这很自然，因为他从哥哥那里得到了足够的刺激因此并不需要从父母额外得到信息输入。希望这一家人永远快乐！

10件需要记住的事情

1. 看起来孩子生来就具备特定的性情，甚至在他们还待在子宫里时就能够预测。

2. 怎样回应宝宝也很重要，这有助于他的性情的培养。

3. 社会很可能也会影响孩子的性情，有人对父母如何与宝宝相处给出了一些评定标准，最后有一些父母可能感觉他们无法按照自己的意愿来回应宝宝。

4. 如果你回应宝宝，在他啼哭时你把他抱起来，随着时间的推移他啼哭的次数会越来越少。

5. 通过向宝宝解释不同的情感来帮助宝宝发展他的情商。

6. 请记住育儿方式会经历从流行到不流行的过程，所以如果你认为当前社会提倡的育儿方式不适合你的话，你可以不用它。

7. 最好回应宝宝的需求，但是当他们步入学步期时，很明显他们开始需要一些规矩。

8. 孩子们对严格而又公平的权威型父母回应得最好。

9. 这意味着你要制定规矩，并且你要愿意向孩子解释清楚，有时你还要和孩子协商。

10. 作为父母，你有别人的支持是很重要的。

BOOST YOUR BABY'S DEVELOPMENT

第二章 智力发育

第1节

婴儿如何学习

在本节你将会学到：

- 婴儿的大脑如何发育
- 婴儿怎样建立他的知识体系
- 婴儿出生时对周围的世界已经了解了什么
- 和婴儿互动为什么重要

怀孕4周后胎儿的大脑的形状已经可以识别。从那时起，他的脑细胞神经元以每分钟250,000个成倍增加，速度十分惊人。到他出生时，所有的这些神经元已经各就各位，总共有一千亿个神经元，宝宝在一生中只使用其中的一小部分。关于宝宝的大脑这还不是最令人吃惊的地方，真正令人吃惊的是这些神经元之间的联结：突触。到了成年期，将会有千万亿突触，据估计在宝宝出生后的两年内，宝宝的大脑将会以每秒钟增加180万个新突触的速度发育!

宝宝出生后他的大脑继续发育，但是再也不会产生新的神经元，实际上是这些神经元之间的联结在不断地增加和发育。电信号以250英里的时速沿着它们穿行。随着重复使用，它们变得越来越强大、越来越显著。当这些联结在发育时，它们会促使神经元的主体部分的距离进一步加大，用不着的联结最终将会被丢弃。事实上，孩子从童年早期到青春期每天会丢掉20亿个突触，这听起来令人恐惧。

对突触进行大规模的删减意味着:

- *随着宝宝长大，他的思维过程变得更高效，但是*
- *他将会变得不再像以前那样灵活和富有创造性，也就是说，不再容易受到别人的影响。*

大脑的微调

我们可以看出基因的潜力是在一定环境下展现的，在本书的引言中，我们探讨过这一点。大脑在基因上倾向于朝特定的模式发育，但是“用进废退”的原则使大脑存在一定的灵活性。基因促使神经元发育并朝总体正确的方向建立突触，但是在神经元的使用期间，经验会在这些神经元之间建立突触。由于建立了太多的突触，大脑只好让它们互相竞争，这样只有最有用的突触才会被使用。

意大利的医生曾经困惑于一个6岁小男孩为什么有一只眼失明，因为他们找不到导致那只眼失明的身体方面的原因。和小男孩的父母交谈后，他们发现在小男孩很小时，有一只眼有轻微的感染，所以这只眼用蒙眼布带蒙上了一段时间。不幸的是，这只眼是在小孩大脑发育的关键时期给蒙上的，掌控没有被蒙上眼睛的神经元入侵并占领了本来要掌控被蒙上眼睛的视觉皮层的那一部分区域，因此解开蒙眼布带时，掌控这只眼的神经联结已经无路可走。

大脑灵活地建立神经联结具有什么优势

大脑能够灵活地建立神经联结，随着宝宝年龄的增长，大脑各个区域变得高度分化，这样可以更好地保护宝宝。所以如果大脑的一部分受到了损害，其他区域可以兼管这一部分，或者如果宝宝出生时，他的一两个感官受到了损害，大脑可以通过与其他器官建立更多的联结来弥补。因此极度失聪的孩子可以利用本来要变成听觉皮层的区域来处理视觉信息。

我们还能够微调我们的大脑来适应环境。如果小猫咪生活在一个特定的环境中——它们的小脑袋只能看到垂直条纹，那么负责视力的神经元就会对垂直方向的物体越来越敏感，却对水平方向的物体不敏感，实际上它们几乎看不到水平线。虽然这种实验环境产生了极端的结果，但人类看起来也是如此。如果在房子里或公寓里长大（也就是四四方方的环境），我们往往擅长发现垂直和水平方向的物体，而不擅长发现倾斜物或斜线，但是生活在圆锥型帐篷里的加拿大印第安婴儿非常擅长发现倾斜方向的物体。

大脑建立“可塑性”神经联结的另外一个原因在于，这样可以允许宝宝的脑袋长大。我们眼睛后方的视网膜通过一系列的神经中转站与我们的视觉皮层相联结。在宝宝出生后的第一年，眼睛和大脑发育的速度不同，所以它们之间的联结不断地断裂和修补。宝宝能够继续看到这个世界，这种断裂和修补一定要秩序井然，相对来说能够抵制住变化，这就是我们所说的专一性。但是，这种联结的小细节会受到早期经验的微妙的塑造——这就是可塑性。

大脑建立神经联结的灵活性还可以从语言发展中体现出来：在6岁之前孩子通过大脑两个半球来加工语法，6岁之后，对语法的加工过程只在大脑的左半球进行，但是由于医学原因摘除了左大脑半球的年幼的孩子也发展了正常的语言技能，所以他们肯定改变了大脑的神经联结从而弥补了这一缺憾。

科学家这样来解释：把宝宝的发育过程想象成一个从山上滚下来的球。他的基因就像地球引力，把他往下拉，但是在途中，这个球碰到了很多来自于环境中的障碍物，促使他适应和改变方向。与山顶离得越远，停下来甚至重返山顶从另外一个方向开始往下滚的可能性就越小。

个体的成长

神经网络伴随着经验形成，因为每一个婴儿的经验都是独一无二的，每一个婴儿的大脑也是独特的。因此即使宝宝继承了父母的基因，也许继承了你的近视和你的伴侣的卷曲的头发，随着他的基因在周围环境下展现，最后他还是被塑造成一个独一无二的人，这里的周围环境是指他的家庭成员、他的家、他所在的城镇和国家、他的学校等等。

宝宝如何理解他看到的事物

为了让宝宝积累知识、智慧和智力——不管你叫它什么——他需要经验，当他能够四处活动时，首先他要做的就是观察世界。但是宝宝刚开始是怎样理解他看到的事物呢?

当你观察周围的世界时，你不仅仅在看，同时你还在理解你看到的东西。光波到达你的眼睛后部的视网膜，这个信息被传送到大脑的视觉皮层，在这里你理解它。你的大脑判断出你正在看的这个体积较小的物体是一辆汽车，同时判断出它是一辆你从远处看到的一辆大汽车，还是你在附近看到的玩具车（这两种车在你的视网膜上建立的影像是一样的）。但是宝宝的大脑刚开始是怎样解决这个问题的呢?

新生儿的视力不如成年人的视力好，他们缺乏看细节的能力，他们不能轻而易举地用眼睛追踪移动的物体，而是断断续续地追踪物体，他们也不善于仔细观察物体（看物体的内部细节）。但是，他们会被两样东西吸引：

★ *运动*

★ *鲜明的对比*

专注于对比意味着宝宝将会注意物体的边缘或边界，这个地方是对比最鲜明的地方。（这是伪装原则的原理所在：伪装里的层层褶皱可以使动物和周围环境的边界变得模糊。）如果你无法有效审视物体，专注于物体的外部也是很有用的。运动有助于宝宝识别事情的开始和结束，因为当一个物体运动时，它会使其他物体变得模糊，不同物体间的边界变得更加明显。

感悟

因此宝宝早期的经历主要是理解一个物体从哪里开始而另一个物体又从哪里结束——在这个他一无所知的世界上这样做是一个合理的开始。

但是，宝宝特别被吸引去关注的另外一种物体是人脸。

人脸有什么会吸引宝宝？

我们知道新生儿出生几天后就能够识别母亲的脸。但事实上，他们注意的还是上面两样东西——脸的轮廓和脸部的运动。因此宝宝通过注意你的发型把你与周围的环境分开。如果一位母亲头上戴了一条围巾，她的新生宝宝就不一定能够认出她。此外，注意脸部的运动意味着宝宝可以注意到和回应你的脸部表情。这已经足够让他成长，随着他慢慢长大，他可以回应更多的细节。因此：

- *新生儿只有在人脸移动的情况下才会更喜欢看人脸。*
- *两个月大时，和其他物体相比，婴儿更喜欢看人脸，不管人脸是静止还是运动着的。*
- *3个月大时，婴儿看静止的人脸的时间多于看其他复杂图案的时间。*

因此婴儿生下来就已经准备好首先关注移动着的人脸，随着他们不断地磨练识别人脸的技巧，他们逐渐能够识别不同的脸。这样当他们的年龄再大一些时，由一个不同的处理系统接管，允许他们识别特别的脸，这种情况只有在宝宝的注意广度增加时才会出现。我们知道婴儿6个月大时，他们同时利用大脑的两个半球的几个区域来识别人脸，但他们在12个月大时，负责脸部信息处理的区域变得更具体，位于右脑。

有趣的事实

婴儿生来具有多元性

有趣的是，当宝宝变得更善于识别不同的人脸时，他也将失去他最初的灵活性。

实验人员研究6个月大的婴儿、9个月大的婴儿和成年人如何区分人脸和猴子脸。结果发现6个月大的婴儿可以识别所有的猴子脸和人脸；9个月大的婴儿和成年人可以看出所有的人脸都有所不同，但是他们认为所有的猴子脸都一模一样。

事实是婴儿生下来就有识别所有的脸的潜力，但是随着他们经验的积累，他们的神经网络减弱了这种能力，只专注于区分他们碰到的最多的一些类型的脸。这可以解释一些人在碰到不同种族的人时产生的排外反应，“他们看起来都一样”。事实上，由于没有居住在多文化的社会，因而看不到不同种族的人的经历，这种情况有可能是真的。

建立一套知识体系

在宝宝最初几年的生活中，他经历的所有的事情将会同时激活不同组的神经元，这种模式不断得到重复和加强，他会慢慢开始给自己的经历分类，积累记忆，生活对他而言慢慢变得有可预见性。

因此当宝宝看到有人的嘴巴张开时，他会期待听到“啊啊”的声音。看到你微笑着靠近他并张开了怀抱时，他会期待着感受被抱起来的感觉。如果他的预测不正确，他会感到很不快活。两周大时，婴儿会期待听到从妈妈嘴里发出的声音。实验已经表明，当声音来自于错误的地方——例如，他的脑袋的一侧，或者从他们的妈妈嘴里发出了陌生的声音时，他们往往会感到不安。

婴儿怎样了解世界

弄明白宝宝如何了解世界的最好的方法，就是想象他对于世界运转的方式进行了种种假设，然后通过他的经历确认或否定这些假设，适应或修改这些假设，或者把这些假设转化为大脑的机能。随着重复这些经历，会进一步加强宝宝的大脑里的神经网络，熟悉的经历使相关的神经网络变得更强大，因此宝宝可以在一件事情和其他的事情之间建立联系。

例如，你的宝宝也许会断定“妈妈给我穿上外套，让我坐在椅子里并给我系上带子，意味着我们就要去学游泳了”。当然宝宝还不能使用上面的语言进行假设，但这是了解他脑子里想法的最好的方式，这也是我们自己经历的思维过程。

如果你定期去游泳，每一次去时都要给他穿外套，把他放到椅子里并系上安全带，最终当你准备这些时，你会看到他很兴奋。

但是请想一下，如果有一天，你没有带宝宝去游泳池，在经历了同样的准备过程后却带他去了医院并在那里给他打了一针。之后他有可能修改他的假设，所以宝宝的想法是这样的“当妈妈给我穿上外套，把我放到安全座椅里时，这意味着很快我们就会坐车，然后我们或者去游泳池或者恐怖的事情就要发生”。就这样宝宝修改了他的假设，在给他穿衣、坐安全椅等一系列动作后，发生了越来越多不同的事情的过程中，他能够巧妙地改变这种假设。

婴儿刚开始的经历都是即时、有形的，所以他们脑子里都是此时此地的场景，随着时间的推移，他们会发展更抽象的关于世界的内部表征。同时随着经历的积累，通过假设验证的程序他们可以修改这些内部表征。举一个关于内部表征的例子：想想你的宝宝——你可以思考、想象和计划一个和宝宝有关的场景，而事实上他没有出现在现场。

- ★ *当宝宝开始说话时，他会说一些此时此地的事情，例如，说出他看到的事物，还要过一段时间他才能说出抽象的事情，例如：说过去发生的和将来要发生的事情。*
- ★ *我们在前面已经看到，亲密关系慢慢形成直到最终宝宝很高兴地想象你在那里而不是你真的就在那里。*

婴儿有动力去学习，但是只有这些要学习的知识和他们已经知道的知识建立起联系后，并且他们已经有某种内部表征可以容纳这些新知识后，他们才能学会它们。所以他们已经学会的知识将要影响接下来要学习的知识，并且孩子们看起来是通过相似的途径来取得学习不同阶段的知识的进步。

感悟

我们再一次看到遗传驱使婴儿按照特定的顺序进行发育，这种顺序由于环境的影响要做出细微的调整。

在哪里和是什么

宝宝在他一岁内需要花大量时间来接受事物，刚开始，他不会像你那样认为物体可以继续存在，而是从物体的运动或者它们的位置来思考物体，他还无法把这两个方面同时考虑进去。事实上这一点儿也不奇怪，因为我们利用眼睛的不同区域来记录运动和细节，然后这种视觉输入分成两种视觉流流向大脑的不同区域——这两种视觉流一个专注于“在哪里”，到达的时间要早一些，另一个专注于“是什么”，到达的时间要晚一些。婴儿在早期比较擅长感觉运动，而不擅长专注于精密的细节。

客体恒常性——物体继续存在

如果在宝宝面前让一个物体从中心点滚到他的右边然后又滚回去，12周大时，他能够追踪这个移动着的物体。滚了几次后，如果这个物体滚向了左边停了下来，宝宝会继续往右边看去。或者是如果物体停止了滚动，他还会继续看着物体原先滚动的轨迹，好像还在期待它要滚过去，即使它已经完全停止了滚动。如果这个物体突然消失不见或变成另外一个物体，宝宝也是完全无动于衷。他不会去寻找原来的那个物体。

四五个月大时，宝宝会认为运动着的物体是一个，在某个位置的物体是另一个，他无法理解这两种情况有可能都属于同一个物体。宝宝缺乏“客体恒常性”的概念。如果你用一块布盖住一个物体，在这个年龄段，宝宝看起来会有点儿迷惑。即使很明显这个物体就在布下面，因为你可以看到布鼓起来，但是由于某种原因，宝宝无法掌握这个概念。如果布是透明的，他将会高兴地把布拿开，重新得到这个让他心仪的物品，所以这个问题和协调性无关，而是因为宝宝看不到它时就认为它已经消失了。

感悟

这是因为婴儿在看不到物体时，就会认为它们不复存在。对宝宝来说就是“眼不见心不烦”！

最初宝宝的视力有限。他只注意物体运动的方式，对形状、颜色、质地几乎视而不见，尽管他对反差和物体的边缘比较感兴趣。后来随着视力的发育，他能够理解其他的一些细节。当他的经历越来越多时，他可以弄明白物体从哪里开始又从哪里结束——以此来区别物体。

随着年龄的增长，他对物体了解的程度越来越深，这意味着他正在发展有关物体的内在表征。当他开始识别不同而又具体的物体时，他也开始识别物体的类别。大约18个月大时，宝宝已经能够根据物品的形状和颜色给物品分门别类，这种类别概念的形成让宝宝开始掌握语言，但是他对语言的真正理解要在他掌握物体恒常性的概念之后，这个概念能够让他理解单词可以代表物体。

在宝宝遇到他以前没有见过的物品时，如果你观察他，你会发现他正在对这个物品进行非常系统而又彻底的探索：

- ★ *大约七八个月大时，宝宝利用他所有的感官来探索所有的新物品，首先她用牙齿来探索。一旦探险完毕，宝宝也就对它失去了兴趣。*
- ★ *1岁大时，他会改变他的行为：也许会拍打或重击它。*
- ★ *18个月大时，他将会熟悉很多物品，但是如果你向他展示一样具有他意想不到的特性的物品时——可能用某种方式拿着它就会吱吱叫，他会系统地检测看看它是否还有别的功能。在这个阶段，他也已经开始把相同类别的物品堆在一起。*

最初的内部表征——“像我”

具有内部表征非常有用，它能够让你整理已经掌握的知识。你可以想象自己是一名刚刚出生的婴儿，无法理解所有的信息输入，所有的景象、声音、气味和感官。这些信息势不可挡，但是对婴儿来说没有什么，因为他们通过倾听妈妈的声音和品尝羊水，在子宫相对安静的环境里已经建立起最初的内部表征。因此出生时，他们会选择性地倾听人类（尤其是女性）的声音，专注于熟悉而又甜美的味道（羊水和母乳），因为这些是他们已经体验到的。几天后他们就会知道谁是谁，喜欢专注于熟悉的脸、声音和味道。

婴儿一出生就知道他们自己

从出生的那一刻起，婴儿就知道并喜欢看人的脸。如果你朝你刚出生的宝宝吐舌头，这时如果他清醒着并对你的动作感兴趣，她就会模仿你。

感 悟

请想一想这意味着什么。宝宝还没有在镜子里看到他自己，即使他看到了，你也没有办法向他解释清楚他在镜子里看到的其实就是他自己。尽管如此，他还是能够成功地模仿你。

这意味着宝宝在某种程度上认识到你和他很像，看到你从嘴巴里吐出一个东西来，他能够意识到自己也有个相似的东西可以吐出来。他正在将视觉图像转化成一个动作。这个惊人的壮举表明宝宝刚出生时，不仅具有了对于自身的内在表征还具有了其他人“像我”这种意识。

我们也知道婴儿意识到人脸应该是什么样子，一出生他们就开始寻找人脸，所以这是天生的。他们还要花上好几年才会弄明白人们有什么不同，但是毫无疑问他们都有种相似感。婴儿一出生就在寻找人类并模仿他们。

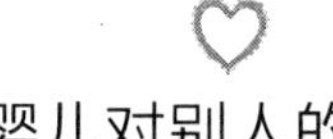

婴儿对别人的认识

有一位实验人员在研究两周大的婴儿，他设定了一个场景：婴儿躺在婴儿床上，透过上方的观察孔他可以看到他的妈妈或一个陌生人。很自然的是，婴儿喜欢看他们的妈妈。但是，当妈妈的嘴唇在动却发出了陌生的声音时（通过巧妙地利用麦克风），婴儿会感到不安并努力避开这种让他们感到不安的不一致情境。因此看起来婴儿在很小时就会意识到他们的妈妈是一个具有特定声音和脸庞等其他特征的人。

虽然很有趣，但是看起来在婴儿眼里母亲并不一定是一个持续存在的固定的人。上面那位实验人员利用镜子，婴儿能够看到好几位妈妈，他发现这些年幼的婴儿会高兴地和所有的妈妈互动。直到5个月大时，婴儿才会在看到好几位妈妈时感到不安。

这种情况和宝宝对于客体恒常性的理解一致。为了发展自我意识和别人意识，宝宝必须要理解他自己是一个独一无二的人，别人和他一样会继续存在。

感悟

这种情况符合我们在前面看到的——依恋关系的形成。直到七八个月大时，宝宝才产生分离焦虑，喜欢一个特定的人，这个人一般是他的妈妈。因此也许只有在宝宝理解即使看不见时别人也继续存在这个事实后，他才能产生分离焦虑。

模仿——人类特有的行为

婴儿能够模仿大人，即使这种行为对他毫无意义。想想一个宝宝如何拿起一个玩具电话，把听筒放在他的耳边，模仿他的父母打电话，虽然他可能不知道这样做有何用途。同时作为大人，你也会模仿你的孩子——在这个过程中你将会塑造他将来的行为。

当宝宝在做鬼脸时，你会发现自己模仿他的动作并同时把这个行为变得复杂一些。想一想在你拿勺子喂宝宝饭时你如何不假思索地把自己的嘴巴张开的情景。宝宝喜欢大人模仿他们，并学会做越来越复杂的动作来看看大人如何模仿。婴儿只会模仿对他们有一定意义的动作，而不去模仿太复杂的动作。看起来他们在模仿内在表征系统里准备使用的动作。

★ *随着宝宝慢慢长大，你可以和他玩稍微复杂一些的游戏，在这个游戏里你和宝宝轮流模仿对方。在宝宝刚出生的几周里，你和宝宝相互微笑和吐舌头玩，这对你们两个都有好处。过一段时间，你可以玩躲猫猫游戏：你闭上双眼，再慢慢睁开并观察宝宝是如何模仿的。当宝宝快满1岁时，你可以玩复杂一些的躲猫猫游戏，你用手遮住自己的眼睛，现在他已经能够模仿这个动作。*

很明显模仿是人类——无论大人和小孩——用来帮助学习的与生具有的机制。虽然看起来简单、平淡无奇，但情况并非如此，因为这种学习方式是人类独有的。绝大部分动物看起来并没有通过相互模仿来学习。

感悟

也许模仿和我们拥有复杂的文化有关，因为它让我们吸收在文化的历史中积累的知识和技能。或者模仿可能和意识或自我意识有关。我们能够在镜子里认出自己（黑猩猩、倭猩猩和猩猩也能做到，但是其他绝大部分灵长类和非灵长类动物无法做到）。自我识别或自我意识和模仿好像是相同系统的一部分——使内在自我表征和外部事件相匹配。

学习的乐趣

宝宝将会因为能够成功做了什么事情获得极大的快乐。有一位实验人员把一部手机放到了婴儿床的上方；他把手机高高挂起，第一组的婴儿不能够控制它，而第二组的婴儿通过移动他们的小床来移动它。第二组婴儿能够控制手机，在移动手机的过程中他们微笑并发出唔唔的声音，而另外一组的婴儿虽然注意到手机但没有微笑或发出高兴的唔唔声。

心理学家把这称为“条件刺激”——是指对宝宝来说，宝宝做出一个动作后，如果有一件事情能够恰当地随之发生，就像对宝宝的动作做出回应一样，那么这件事会给他带来刺激和快乐。

绝大部分婴儿都是从他们的父母那里经历这种条件刺激，就像我们将要从下面的试验中看到的一样，这些条件刺激确实对孩子很重要。

实验人员在婴儿和他们的母亲之间建立了一个视频连接，在一个场景中，婴儿即时和他们的母亲互动；而在另外一个场景中婴儿看到的是以前录制的母亲的视频，即使他们的母亲在视频中对他们微笑和说话，但这些婴儿却感到不安，这是因为时间的不同步造成的——这种条件反应是不恰当的。

观察宝宝通过与你互动或以别的方式让什么事情发生是如何享受这种“条件刺激”的。例如，你可以观察在下边两种动作中宝宝的反应有何不同：一是把气球拴在婴儿床上，你摇动着小床让气球飘来飘去；二是把同一只气球拴在宝宝的脚裸上，让他来控制气球。

当宝宝对你微笑并挥动手臂时，他是在努力和你“聊天”，而你的“条件反应”应该是这样的，“你今天是不是很想说话？你是不是有很多话要说呀？”然后你停顿下来，当他再次微笑和挥动手臂时观察他。如果你能够进行这样的“谈话”，他会非常兴奋。

个案研究

苏珊和杰夫都是专业音乐家，他们渴望尽早让他们的宝宝接触音乐。他们正在期待，并且苏珊已经确信他们的第一个宝宝能够识别一些乐曲。他们是否能够做什么来培养孩子的音乐才能，或者他们的孩子是否能够继承他们的音乐才华？

苏珊是对的——如果经常演奏一些曲子的话，她的宝宝将会认识这些曲子，并且宝宝单凭一天到晚接触音乐就已经在掌握乐感。如果苏珊和杰夫继续让他们的宝宝接触音乐，然后扫描一下她的大脑，他们将会发现，和来自于非音乐家庭的孩子的大脑相比，她的大脑有越来越多的空间致力于音乐才能的发展。

10件需要记住的事情

1. 婴儿的大脑通过响应他们的经历进行发育。

2. 婴儿最初能够识别所有的脸，但比较笼统，过一段时间，他会用心识别他见过的次数比较多的特定的脸。

3. 这有助于他建立比较微妙的交际形式。

4. 同时这意味着他失去了能够识别他以前没大量接触过的脸的能力。

5. 他在已经学到的知识的基础上慢慢积累，并把这些新知识添加到已学到的知识里面。

6. 模仿是人类特有的互相学习的一种方式。

7. 宝宝会因为学习新知识感受到极大的乐趣。

8. 宝宝一开始就在互动中健康成长。你会在模仿宝宝和观察宝宝模仿你的过程中感到特别开心。

9. 在宝宝不同的成长阶段试着玩耍不同的物品来看一看

什么东西吸引他。新生儿喜欢大面积的黑底配上白色图案的这种鲜明对比的东西。观察他对于移动着的或静止不动的物体的反应有什么不同。试着戴上围巾或帽子——也许你会遭到宝宝的白眼！

10. 如果具有可预见性，宝宝会很高兴。这就是为什么别人建议你做事形成常规的原因。找出适合你和宝宝的常规，要包含具有可预测性的模式，而不是尽量根据时间做所有的事情。

第2节 学习如何交际

在本节你将会学到：

- 为什么语言很难掌握
- 宝宝自从有了听力后是如何学习语言的
- 你的宝宝最初学习的是非语言交际
- 在宝宝学习说话的过程中你发挥着关键作用

能够用语言交流也许是让我们在动物王国里保持独一无二的地位的一大财富，也可以说，使我们成为了主宰物种。交流使我们代代之间分享技能，协调我们的行为，从而使我们一起有效地工作。在出生后的几年时间里孩子们就能够掌握语言，和别人交流起来不费吹灰之力。他们是如何如此迅速地掌握了一门语言呢？

语言的问题

为了能够理解宝宝在出生后的几年内就能够流利地说一门语言有多么地令人惊奇，你只需想一想去国外，在那里努力弄明白外国人在说什么就明白了。你该怎样理解外国人说的“天书”呢?

多年来科学家一直努力寻找一种方式来为计算机设置一种程序，让它来做孩子一直自然而然地做着的事情——理解对话。问题是当我们写作时并不说话，单词之间有间隔。实际上，我们说话时会发出连续的声音流，所有的单词接连发出来。我们的大脑负责把这种声音流分解成单个的单词。

另外一个问题是每一个人发出的声音都会有所不同，甚至连“是”这样一个极其简单的单词也会根据下面的情况而有所不同：谁说的这个单词、说这个单词的速度和音量，说这个单词的是男人还是女人、是大人还是小孩，发音的口音及嘴型等等。例如，你还可以思考一下小声说、唱出来或大声叫嚷“是”的不同。发音有成千上万种的不同，但是我们的大脑可以轻而易举地处理和解释所有的发音。

即使我们只听一个人说话，这个人发出的某一个特定的音如果有轻微的不同就会在意思上造成很大的差别。一个特定的辅音和元音结合起来使用有一种发音，同样的一个辅音和另外一个不同的元音结合起来使用将会产生完全不一样的声波。

所以可怜的计算机只有在说话的人使用很少的单词，并且每一个单词之间要有停顿的情况下才能够理解口语，并且它只能应对一个说话者。与此相反的是，一个以英语为母语的3岁孩子可以理解任何数量的不同的人用正常语速说出的单词量在75,000以上的英语。

孩子们是如何如此迅速地掌握了语言呢？答案肯定是婴儿生来就“知道”许多关于语言的运作机制，他们生来就有强大的学习机制，可以让他们添加在某个特定社会里他们所需要的知识。

婴儿如何学会识别声音

如何理清连续不断的声音流的工作在子宫里就已经开始了，胎儿在子宫里积极倾听并加工来自于外面的声音。在怀孕四五个月时，胎儿的听力得到充分的发育，即使呆在子宫里他们也能够对以前听过的音乐做出积极的回应。他们可以识别不同的故事，就像我们早先看到的那样：实验人员让母亲在怀孕最后6周时一天大声读两遍《帽子里的猫》这个故事，他们发现刚出生不久的婴儿比较喜欢听这个故事。另外一位研究人员发现，新生儿在听到母亲在怀孕期看过的肥皂剧主旋律时，他们会停止啼哭。

当然婴儿出生时还不能够理解《帽子里的猫》的意思，或者理解《伦敦东区》的主题旋律，但看起来转换成他们自己的语言就是一遍遍重复地听。

感 悟

这很重要，因为他们不清楚自己要说哪一门语言，所以他们需要关注对他们重要的东西。

婴儿生来具有学习任何一门语言的天赋，但是这种“聚焦”可以帮助他们挑选重要的声音，并最终忽视其他的声音，因为宝宝最初的一个任务就是识别属于他们的语言的特有的声音，有一些是独一无二的——例如，日语里没有“r”和“l”音。

成年人在倾听一种语言时具有文化特异性，而婴儿没有这个特点。为了了解这一点，你想象着把代表人类语言的声波记录在一张纸上。你几乎无法把这段记录读下来并说出来，“有一个r，有一个l”，但是我们可以清楚地听到这些声音。如果你用一个语音合成器把“r”变成“l”，虽然合成器合成的音是一系列的，你可以在坐标纸上看到这种变化，但是你实际上只听到“r,r,r…”突然变成了“l,l,l…”日本人根本听不到任何变化，他们听到的还是同样一个声音。

之所以会出现上面这种情况是因为每一种文化都会把声音分成属于他们特有的类别。所以英语中的“o”和法语中的“o”以及和丹麦语中的“o”都不同。事实上，地方口音也是如此——想想苏格兰语、约克郡语和伦敦腔里“a”的不同。

一旦我们习惯了自己的语言，我们就会听不出其他语言里的一个元音到另外一个元音的转换，或者听不出同一种语言中地方口音元音的转变。例如，美国人听不出约克郡语和伦敦腔之间的转换，而我们英国人能听出来，但是对我们来说，美国的口音听起来很相似。但是婴儿能够听出来——日本的婴儿能够听出“r”到“l”的转换，以英语为母语的婴儿也能够听出泰国语里的转换，即使他们以前从未听过这些声音。

但是，6~12个月期间，婴儿辨别所有语音的能力已经消失，他们只注意他们语言中特有的语音。如果婴儿不断地接触特有的语音，这会进一步加强语音的分类，同时，如果你愿意这么理解的话，删除其他语音——就这样，婴儿发展了标准语音。通过注意他们所在文化里的单词，他们创造出代表最典型的“r”和最典型的“l”等的内在表征。在6~12个月期间，他们在自己的记忆里储存了他们文化中特有的语音。之后他们会把听到的语音和这些典型语音作比较并相应地理解这些语音。

感悟

这就是为什么尽管有几百种不同的“d”语音进入我们的耳朵，但是我们都把它们听成了典型的“d”的原因。

学会听出单词从哪里开始和结束

在宝宝出生后的一年里，他一直在建立典型语音的内在表征系统，这是他在能够开始学习单词的意思之前需要做的。但是他还需要知道单词从哪里开始和结束。当别人说话时说出一连串的语音时，他是如何做到的呢？

婴儿在把语音改编成他们自己语言的典型语音时，也在注意话语里的节奏。9个月大时，以英语为母语的婴儿已经知道我们重读每一个单词的第一个音节（其他绝大部分语言不是这种情况)。同时他们还学到自己的语言中哪些语音有可能结合在一起。也许是婴儿生下来就已经准备好留心倾听话语里重读音节之类的小片段，注意话语里的语调和节奏，以及注意话语前后的停顿。

有趣的事实

为了学习，婴儿即使睡觉时还在继续倾听！

在芬兰的一项研究中，实验人员把45名婴儿分成三组。第一组的婴儿睡觉时在听一盘磁带，上面录的是他们的母亲正在读一些不同寻常的元音；第二组婴儿睡觉时听的是普通的元音；而第三组婴儿没有听磁带。第二天早上，第一组婴儿可以识别那些不同寻常的元音，而其他两组都做不到。

最早的交际

婴儿具有学习母语的强烈动机，其中一个原因可能是因为语言可以让我们交际，婴儿毕竟具有社交性。

婴儿在1岁内一直忙于习得他们以后说话时所需的语音知识和话语节奏，在此期间他们还一直进行非语言交际，学习他们在和别人谈话时所需的技巧。除此之外他们还在学习如何轮流谈话，如何理解别人的意图等等。

我们已经看到宝宝出生后就对人感兴趣，特别是被人脸所吸引。我们知道如果你朝一位新生儿吐舌头的话，他会模仿你。当宝宝在模仿你时，他正在想什么呢？好像是他认为你正在释放一个他渴望回应的社交信号，即使在这个年龄段这个信号对他毫无意义。

微笑的变化

除了持续的目光、炽热的眼神接触和模仿你的企图，也许宝宝最初的真正的社交回应是微笑。宝宝很早就会微笑。最初的微笑称为“内源性微笑”，是指这种微笑受到了内在因素的驱使。你有可能发现宝宝会在睡觉过程中微笑。这种微笑出现在宝宝的嘴角和双颊上，并没有真正地到达他的眼睛。

最早的“外源性”的微笑（对外界刺激物做出反应的微笑）是在宝宝2周大时回应别人开始出现的，实验表明婴儿在听到人的声音时微笑，而在听到诸如铃声之类的其他声音时并不微笑。他们微笑时仍旧只是嘴角在动。最早的真正的（虽然比较短暂）微笑大约在宝宝3周大时出现，主要是回应女性的声音。6周大时，宝宝会对人脸微笑，这种微笑称为社交微笑：整张小脸都在笑并且持续时间比较长。从那时起，宝宝会对很多不同的东西微笑。

★ *在偶然情况下，宝宝在睡觉过程中微笑的原因是控制参与微笑的脸部肌肉的运动神经元和控制快速眼动睡眠的脑干区域距离很近造成的。*

微笑存在于所有的文化中，并且是与生俱来的。盲人宝宝即使没有什么东西可以模仿也会微笑。早产儿开始微笑的时间会晚一些。最初的微笑是本能的，但是会发展成宝宝社交技能的一个核心部分，因此3个月大时，那种咧开小嘴的“识别微笑”是为他的父母所留的。

盲人婴儿虽然最初和视力正常的婴儿一样在正常的阶段开始微笑，但当他们得不到来自父母的回应时——视觉方面的互动——他们的面部表情就会变得越来越不具有回应性，变得越来越单调，而视力正常的婴儿继续学会差别更细微的微笑来适应各种场合。

感悟

你会很有趣地观察到微笑对宝宝有多么重要。微笑可以表示快乐——“看到你我多么高兴呀！”还可以表示宝宝的幽默感——宝宝好像发现不协调性比较有趣——就像大人做的那样。因此“妈妈那样做鬼脸”很好玩；让宝宝吃惊但又不具有威胁性的东西很有趣，会让宝宝微笑，并最终呵呵大笑。

宝宝最大的快乐来自于当她能够让一些事情发生，从一些发现中获得智力方面的快乐。他也喜欢能够预料事情的发生，这就是他为什么特别喜欢一遍又一遍地玩耍“围着花园转啊转”的原因。你可以看到在等待时他笑得多么灿烂并屏住呼吸等待下一轮的参与。

互动和轮流说话

学习交际不仅仅是掌握词义，还要学习如何进行对话。人类不仅仅互相交谈，他们轮流说话，同时还注意对方的体态语释放的信号。有的整本书都在谈论体态语，虽然对于从体态语上我们到底能获得多少信息量并没有高度一致的意见，心理学家认为我们至少会获得65%的信息量。通过体态语进行交际并理解体态语都是在无意识的情况下进行的——例如，很经常地我们不能准确说出我们为什么不相信某个人的话，也许这大多是天生的。

当来自于同一种文化的两个人交谈时，他们的身体同时进行“协调同步”的动作——反映对方的头部和手部运动以及一般姿势。通过观察两个人的谈话你能够识别他们的关系有多亲密，即使你不知道他们在说什么，单单观察他们的体态语你就可以得出结论。也许你只有在遇到一个来自于一种完全不同的文化中的人时，你才会意识到这些具体的动作，当他们和你的眼神接触的时间过长或站得离你太近时，你会发现和他们谈话很“别扭”。

感悟

尤其有趣的是，有研究者观察到，随着周围谈话的进行，婴儿在做同步运动——不管是哪一种语言——但是他们在听到非言语的声音时不做这种动作。和听到外国语言相比，他们在听到母语时更擅长做这种运动。

宝宝将学会他所处的文化中特有的协调同步运动，最初和你在一起时他会学会一套独特的互动模式，然后在自己亲密的家庭成员之间学会这种运动，最终他能够和处于同一文化中的所有的人互动。

事实上婴儿通过眼神接触和发出细小的声音来寻求这种互动，父母一般用眼神接触和说话来回应。经常是婴儿发起互动，父母做出回应。绝大部分父母不得不回应这种互动，但是精神抑郁的母亲不能够做到这一点，这是她们需要尽早获得帮助来治疗产后抑郁的一个原因。

令人悲哀的是，年龄很小就在托管所接受全职护理的孩子并没有多少协调同步的经验。通过利用摄像机和单向镜子，心理学家评估了托儿所里育婴人员和婴儿之间的互动质量。即使育婴人员很清楚他们正在被观察，他们还是做得不如父母好。他们和孩子之间的互动少得多，并且这些互动比较呆板、粗率，持续的时间也比较短。他们并没有对宝宝做出回应，这种互动会对宝宝的社交发展造成影响。

因此宝宝在学习交际时首先要掌握一套非语言互动的社交技能，在此基础上他再学习语言。

- *婴儿在吃奶时会经常停下来倾听妈妈说话，再通过吃奶作出回应。这种有节奏的吃奶看起来是对话的先兆。*
- *在婴儿很小时就会出现微笑和眼神接触的交流（即互相凝视）。*
- *这能够让婴儿发展联合注意力。6个月大时，婴儿就会跟随妈妈的目光来看妈妈在看什么。*
- *共享的手势：9个月大时，婴儿开始用手指指东西进行交流。他们会一边指着东西一边看他们的妈妈，这是在用非语言的方式说："把那个东西给我!"这种"联合注意"阶段至关重要——妈妈这时会说出他们两个同时注意的事物的名字，这样婴儿就开始模仿着说出这些名字，积累相关词汇量。*
- *像躲猫猫这样带有仪式模式的游戏暗含着对话的话轮机制。*

妈妈语——育儿语

当我们和宝宝面对面时，我们说话的声音傻乎乎的。有时候你会感到有点难为情，感觉让别的成年人听到好愚蠢。但是，现在心理学家认为，这种傻乎乎的声音是一种强大的与生具有的机制，所有的人都会使用它来帮助孩子学习说话。

"妈妈语"这个词也许用词不当，因为所有的成年人和宝宝面对面时都会使用它：妈妈、爸爸和甚至没有孩子的人。妈妈语在其他文化中也存在，使用的方法很具体。首先，声音扬起，到达或高于八度音阶，说话时声调抑扬顿挫，有旋律感——像唱歌一样——句子简短，有许多重复，辅音发音到位而不是含糊不清或直接跳过，元音发音夸张，这样总体上说话速度较慢，听起来更清楚。

妈妈语使用具体名词或专有名词，避免使用代词和连词，通常谈的是此时此地的事情。

请想一想在声音流中分辨出单词有多么困难，而妈妈语在帮助婴儿专注于他们所在文化中的单词方面是一个特别有效的工具。我们已经看到，婴儿通过注意沉默状态来辨别单词。使用妈妈语在这个阶段对宝宝特别有用。研究人员发现妈妈在宝宝准备好学习词汇的阶段时会本能地重视新单词。当婴儿年龄较小时，他们的妈妈会强调母语的元音，以完全正确的方式让他们的宝宝发展母语的典型音。

感悟

当你用傻乎乎的声音对宝宝说话让你感觉不好意思时，请提醒自己这样做富有教育意义，恰恰是宝宝所需要的。

怎样教宝宝学习说话

父母要以话语轮换为基础，和宝宝相互微笑，一块儿玩游戏，同时父母还要注意宝宝的发音，理解这些声音并赋予它们含义。

宝宝大约3个月大时开始发音，发出的一般是啊呜声——像啊啊啊或唔唔唔等元音——研究人员认为宝宝正在创建一种“声音对嘴形”的内部映射，模仿并练习他听到过的元音。也许他会把这些元音与面部表情、手和手指运动结合起来，他会使用各种方式，好像他在迫不及待地渴望说话。心理学家把婴儿这种现象称为原型对话或前语言。你的回应——用啊呜声来回应和谈话——可以引导宝宝进入轮流进行的元音对话的世界。

★ *在宝宝3个月大时，当宝宝发出啊呜声并挥动手臂时，你要把他当做努力和你说话来回应，你要回答他，模仿他的面部表情，把他发出的声音和做出的动作转换成话语。虽然这样做会让你感觉“傻乎乎的”，但是你能够鼓励宝宝继续和你交流，从而帮助他学习说话。*

宝宝大约七八个月大时（如果你还记得的话，这个时候婴儿已经掌握了典型的元音），他开始把元音和辅音连成一连串的咿呀学语声，练习他说话所需的错综复杂的结合。虽然成年人说话时感觉不费吹灰之力（也许你认为，有些人说话更轻松），我们说话时确实需要几类肌肉的错综复杂的结合，它们分别控制嘴唇、舌头、上颚和喉咙。所以宝宝在这个阶段主要练习妈妈妈妈或哒哒哒哒的声音。虽然心理学家在争论婴儿发出的这些音有没有意义，但是你肯定很愿意解释这些声音——“听，他在喊妈妈！”——在绝大部分文化中，宝宝对主要负责照顾他们的人的称呼听起来很像宝宝发出的咿呀学语声（法语、英语等中的妈妈）。

★ *在这个阶段，宝宝开始把音节连起来，你要回答他，揣摩他在说什么，把这些声音理解成有意义的语言。我们再一次说明这样做一点儿都不傻，恰恰是帮助宝宝学习语言的一部分。例如，当宝宝说“妈妈妈妈”时，你可以这样来回应他，“妈妈！是的，我是妈妈！妈妈在这里，现在我们要玩了！妈妈正在干什么？妈妈马上要在你的小肚子上挠痒痒！”*

父母需要继续猜测宝宝共享的词汇知识（毫无疑问孩子的理解力要好于他们的表达力），继续通过给宝宝发出的声音赋予意义来帮助宝宝掌握词汇。

★ *宝宝大约1岁时，你可以不断地评论他的行为，这样做也许你感觉有点愚蠢，却是一种特别有用而又自然的教宝宝说话的方法。“你要给我那顶帽子吗？是的，你正给我帽子。多么乐于助人的小家伙”等等。*

让你感到尴尬的原因之一是在别的成年人面前这样做，但是父母和这个年龄段的婴儿在一起时总是不由自主而又自然地这样去做。父母的这种做法是在教他们的孩子特定的文化含义。

同时父母非常重视对理解母语起着重要作用的方面。以韩语为母语的母亲，为了帮助她们的宝宝掌握代表不同意思的所有的动词结尾形式，她们强调动词，而经常忽视名词，但是以英语为母语的母亲更多地强调名词。

与此同时，婴儿现在能够把不同的元音和辅音连成较长的复杂的牙牙学语声——12个月大时，他们能够说出英语中绝大部分的元音和一半的辅音。（宝宝还需要过几年才能掌握“th”“bl”和“gr”之类的较复杂的音。）

习得语言——年龄和阶段

- *从出生到12个月——学习模范语言，大约3个月大时婴儿呀呀学语来练习模范元音。*
- *大约12个月大时——婴儿能够说出第一个单词——（你很容易忽略这一点）。从现在开始，婴儿的牙牙学语听起来具有特定的文化性，以英语为母语的婴儿的牙牙学语听起来像英语。*
- *18个月之前——学步期儿童可以非常灵活地使用单个的单词，运用内部逻辑把同一个单词用到许多事物身上。例如，“爸爸”指所有的男性，“狗”也许用来指所有的动物或所有的移动着的物体或棕色的物体——只要有意义并且对他们有用就行。*
- *18个月大时和以后——这个时期宝宝的词汇量迅速增加，他会看到什么指什么，并询问它们叫什么，宝宝的这种进步被称为“快速映射”。18个月大时，婴儿一般掌握了20个单词，但到了21个月大时，他们的词汇量会平均扩大到200个。同时，这个阶段他们习得的单词记的时间更长一些。*

在2~6岁之间，有人估量孩子每天掌握8个单词，这样到了6岁时，他们能够理解大约13,000个单词（有一些单词他们根本没有使用过）。

- *随着词汇量的增加，孩子们开始把单词连成短语，通常是两个单词的“电报式”语言——之所以这么叫是因为听起来像一封电报，例如，“狗走”“鞋松”等等。请注意这里的电报式语言语法顺序通常是正确的，所以孩子不说“走狗”。单个的单词也可以用来表达想法，这被称为“单词句”——例如，“more”通常是指“我还能不能再要点儿”。*
- *2岁大时，孩子们会使用语法规则把3~4个单词有规律地连到一起使用。*
- *3~5岁之间，宝宝的词汇量可能已经达到了1,000个，宝宝已经能够和别人聊天，当然话题还是和此时此地有关。*

个案研究

艾美莉和皮埃尔都是法国人，但是现在要在美国永久地居住下去。他们的英语说得都很流利，现在他们不知道要对他们的第一个孩子说什么语言，如果对孩子说话时英语和法语都用的话，他们不知道小宝宝会不会感到困惑。

婴儿能够同时学习两门或更多的语言——事实上艾美莉和皮埃尔可以给他们的孩子一份珍贵的礼物，那就是让孩子既懂英语又懂法语。

他们可能会发现他们的宝宝学习语言的速度比只学习一门语言的宝宝要慢一点儿，但是他很快就会赶上，也不会弄混这两种语言。一个会说双语的宝宝可能会偶尔用错误的语言称呼某一个人，但是她不会把两种语言中的词汇混为一谈以至于说出的句子包括两种语言中的单词，这表明孩子能够分开掌握两种语言，这很了不起。

有趣的是，绝大多数妇女认为用母语和她们的宝宝交流起来比较容易，而用第二种语言的妈妈语和宝宝交流起来很困难或很不自然。

10件要记住的事情

1. 学习说话并不像看起来那么简单，但是婴儿学习起来好像不费吹灰之力。

2. 婴儿生来就已经做好了理解任何一门他们要遇到的语言的准备。

3. 婴儿具有良好的听力，因此在他们出生前他们已经开始习得他们的母语。

4. 婴儿天生具有内在的学习机制，天生注意别人说话，留心语言的节奏、模式和重复。

5. 但是，成年人也有一套内在的机制，它驱使我们用一种孩子需要的方式来教授孩子。

6. 怀孕期间，你可以为宝宝建立安静联想。给他播放舒缓的音乐并给他唱歌听。他出生后，也许你会发现相同的音乐和歌曲在他焦躁不安时能够给他带来安慰。

7. 宝宝一旦出生，让他不断地倾听对话有助于他发展语言能力和做好说话的准备。

8. 在宝宝很小时，注意他如何渴望和你参与轮流机制，注意他有一种时机感和节奏感，这和你的一致。你可以说宝宝在和你逗着玩。

9. 当宝宝清醒时，和他玩耍“围着花园转啊转”或者“躲猫猫”的游戏。换尿布的时间很理想，或者给宝宝脱完衣服准备洗澡时也不错。

10. 注意一下你自己如何不由自主地使用妈妈语，或注意一下你的伴侣是怎么做的！尽量不要为此感觉难为情——你要想着你在宝宝学习说话方面提供了莫大的帮助。

第3节
游戏

在本节你将会学到：

● 婴儿为什么玩游戏

● 游戏的含义是什么

● 游戏是童年的一个重要的组成部分，是儿童用来了解物质世界和社会世界的一种工具

从一开始，宝宝就会游戏。当他摇晃拨浪鼓或从婴儿车上往下丢东西时，他不仅仅在取乐，同时他还在理解初级的物理学知识。我们知道如果成年人积极参与到学习中，他们通常更容易学习新知识。例如，如果只阅读使用手册，我们根本无法学会开车，但对于年幼的孩子来说，所有的活动都是学习。

自然界中生物做游戏的目的

适应我们周围环境的能力是人类成功的原因，玩耍的行为属于适应行为的一部分。有趣的是，和身体相比脑袋较大的动物比脑袋较小的动物用于玩耍的时间要多得多。事实上，绝大部分比较聪明的动物都懂得玩耍，小猫和小狗玩耍时会乱作一团，装作抓住线球的样子，但是蚂蚁和蜜蜂只会忙于生计。

一个物种越灵活、适应性越强，这个物种中的成员玩耍的时间就越多。这叫做“适应的复杂性”，这是指此物种中的幼崽需要经过很长时间才能发育成熟，需要长时间地依赖成年人照顾，有能力操纵物体，通过观察来学习，以及在这一物种中发展出同伴团体，和青少年时期的社会结构。

游戏属于“实验对话”，你可以收回说过的话和做过的事情。这样就可以允许一个物种里年幼的孩子在熟悉的环境中尝试新行为或者在新环境中尝试熟悉的行为。在所有的物种中，随着年龄的增长、玩耍行为会减少（虽然成年人要和他们的后代玩耍），这暗示着游戏和学习以及发育有关。和其他动物相比，猿和人类玩耍的时间较长，需要花更长的时间进行发育。游戏和探索活动极其相似——和其他种类的幼崽一块儿玩耍在一定程度上属于探索行为。人类拥有所有的动物中最复杂的游戏，小猫被认为是在锻炼成年后所需要的技能，儿童的游戏更复杂，同时具有其他功能。

从进化论的观点来看，游戏被看做是非常危险的事情——例如，沉溺于玩耍中的年幼动物也许意识不到正在向它们靠近的捕食者，因此，玩耍肯定是自适应行为。例如，80%的幼年毛皮海豹的死亡是因为正在玩耍的小海豹没有发现正在靠近的捕食者。所以这种玩耍性的探索行为带来的风险肯定被动物从学习中得到的收获所抵消。

对于人类来说，幼年时期的想象力最为丰富，我们可以在物体间非常自由地建立联系——例如，把一把扫帚想象成一件武器或一片草叶想象成一棵菠菜，这是因为我们的大脑能够创建更多的联系。我们的经历越多，我们的思维就越向着特定的途径发展。一旦我们拥有了内在表征，我们就会更多地审查奇思妙想，因此我们再也无法像以前那样自由地进行富有想象力的玩耍了——知识代替了想象，理解代替了魔术和迷信。

感悟

最近我13岁的女儿身上发生的一件事让我深刻地明白了这个道理：她花了一些时间来整理她的玩偶之家，结果却发现她再也不能像从前那样和它“玩耍“了，脑子里再也呈现不出有趣的场景等等。这对于女儿和我来说颇为伤感。

游戏的定义

游戏可以被定义为好玩的事情，并不一定有一个明确的目标或结果（虽然学龄期儿童参与的游戏，例如足球或莫诺波利游戏，具有更明确的目标）。游戏是自发和自愿的——孩子选择玩耍，通常他们自己决定要玩什么——并且游戏让孩子保持活跃的状态（例如，和看电视或读书不一样）。

游戏的功能

游戏具有好几种功能。在一定程度上，游戏让孩子用模仿成年人行为的方式来了解周围的世界。你也可以说在一定程度上游戏让孩子放松和开心，同时游戏还能够起到“宣泄作用”：孩子们经常在他们的游戏中表达担忧，解决焦虑问题，儿童治疗师经常在他们的诊断和治疗的工作中使用游戏。但是，游戏最初具有社交性——刚开始孩子需要大人陪着玩耍，然后和其他孩子一块儿玩耍，孤独型游戏和幻想游戏就是从这些早期的社交互动中发展来的。善于玩耍的孩子比其他孩子具有更好的社交技能，但不一定具有更高的认知技能，因此游戏的目的是社交性的而不是认知性的。

婴儿如何玩游戏

在出生后的两年里，宝宝的游戏涉及此时此地，操纵物体，通过不同的感官来体验或尝试物体。这个阶段的幼儿，他的兴趣来自于能够控制物体，让事情发生。他一直在尝试：放到我的嘴巴里会有什么感觉？我这样做时会发生什么事情？宝宝会因为使事情重复发生而获得巨大的满足。

感悟

也许你会发现你一直在与宝宝玩耍却没有意识到这一点，给宝宝换尿布时，也许你会在宝宝的小肚子上吹气。“拍蛋糕”、“花园里转啊转”，这些熟悉的带有动作的节奏都会成为你和宝宝玩耍的一部分。我们在前边已经看到，宝宝并不是在被动地承受这些动作，而是通过眼神接触和凝视来控制和引导你。

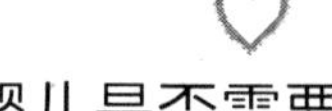

婴儿是否需要玩具?

你并不需要为宝宝提供种类繁多的玩具，有时候昂贵的玩具和简单而又便宜的玩具相比对宝宝的成长起的作用反而更小。一件精心制作的玩具在宝宝玩耍中可能不具有什么灵活性，让宝宝有足够发挥空间的玩具要好一些。

绝大部分人认为游戏只是和玩具互动——最早的游戏确实是和物品联系在一起。最初婴儿玩耍玩具仅仅是在了解它们。虽然玩具设计的很吸引人，但是婴儿对任何一种玩具，尤其是新玩具都会感兴趣，他们会利用各种感官对他们具有支配权的每一种玩具进行彻底的研究。宝宝经常会模仿他看到你处理物品的样子，或者是立即模仿或者是过几天再模仿。只有在婴儿储存了有关物品的心理表征之后，延迟模仿才会成为可能。早期的重复动作依赖于感官记忆——能够记住做某种事情时有什么感觉。

一旦宝宝迈进学步期，物品依然魅力四射，但现在它们主要是用来社交。首先，它们是宝宝和父母通过一块儿看、一块儿指等等进行交流的工具。其次，在宝宝和其他孩子做平行游戏时它们也非常有用。

婴儿很小时不大擅长与其他孩子互动，但是他们喜欢平行游戏——例如，和另外一名孩子在同一个沙坑里玩耍或者坐在同一个箱子里等。直接一起玩相同的玩具是两岁大的孩子最常见的游戏，玩具在社会交往中扮演着重要的角色，给别人玩、别人让自己玩和共享（或者争夺）。属于另外一个孩子的玩具当然更有吸引力，这一点从孩子得到珍贵的东西后的反应中可以看出来。

因此婴儿并不需要特定的玩具，但是他们的确需要玩具来玩耍。下面有一些对游戏的广泛的定义：

- *它们是用来表达情感和情绪的一种方式。玩具可以代表事物，可以让宝宝把情景表演出来，但是这种情况要在宝宝稍大一些时才会出现，也就是说宝宝2~3岁大时开始进行富有想象力的游戏时才会出现这种情况。*
- *它们是用来交流的渠道。有一个吸引人的物品可以让孩子和其他孩子或成年人互动、讨论事情、轮流做事等等。在宝宝差不多1岁时游戏会出现这种功能。*
- *它们是用来学习的工具。操纵物体可以让孩子形成概念，*

例如，从容器里往外倒沙子和水可以让孩子理解运动和引力的概念。金属物品互相碰撞时会发出特有的声音，木头制品则发出另外一种声音。富有探索性的游戏对婴儿来说最重要，所以在宝宝这个阶段你要多关注这种类型的玩具。

探索性游戏

为了玩探索性游戏，你的孩子应该有他可以操纵的玩具——砖头、邮箱、沙子和水。看起来宝宝只是在瞎捣鼓，但是在这个年龄段，宝宝在用他的整个身体来了解世界。他通过审视物品，发现事物的工作原理，通过测量物品的重量和比例等来了解物体。学龄前儿童还不懂因果关系。宝宝在这个阶段开始了解我们成年人理所当然地认为的和世界有关的规则，例如，如果打开水龙头，水就会流出来；如果你往坚硬的表面上丢一个球，球就会弹起来。

创造性游戏

玩颜料、沙子、胶水和纸会给孩子带来积极的体验。尝试玩耍由不同材料组成的物品可以让孩子了解形状和结构。随着宝宝年龄的增长，如果他有机会创造出独特的东西，有机会从头到尾控制一项工程，他会获得极大的满足。

感悟

创造性给孩子提供了想象力和虚构的能力，虽然最初他只是利用它来探索不同的材料——把它当做初级的物理学！

你如何回应宝宝做出的努力会影响他的创造性游戏。通过录像带的慢镜头，研究人员注意到孩子母亲积极的或消极的细微反应正影响着作画的孩子。因此如果你因为孩子弄得一团糟感到不快的话，在孩子开始玩游戏前，确保用东西盖上桌子、椅子、地板，用东西遮住你自己和宝宝。

你在宝宝的游戏中扮演的角色

如果游戏是自发的，孩子们是否需要学习如何玩耍？例如，我们在前面已经看到，宝宝的创造性游戏取决你的反应：受到了鼓励还是受到了压制。这一点同样适用于所有的其他类型的游戏，充满想象力的游戏也不例外，这种游戏对宝宝的语言技能和扩大宝宝的思维发挥着极其重要的作用。所以你要确保和宝宝一块儿玩耍——不仅有趣，而且有助于宝宝的成长。

针对婴儿的书

为了发展有条理的抽象思维，宝宝需要习得大量复杂的词汇——有没有比阅读更好的方式？毕竟，宝宝在日常生活中只会学到像你好、拜拜、果汁和鞋子这样的常用词汇，离开了书本，他又有多少机会去体验长颈鹿是什么动物、走丢了意味着什么或医生是做什么的？书本可以让你足不出户分享激动人心的经历。

感悟

孩子小时候的接受力最强。最好现在准备好有趣的书籍，这样宝宝大一些时他更有可能愿意读书。

如何和宝宝一块儿阅读

给宝宝读书越早越好。如果你认为妈妈语太假或者不自然，阅读可以提供帮助。如果你要重返工作岗位，感到和宝宝相处的时间很珍贵，你可以高效利用时间，那就是舒舒服服地抱着宝宝读书。

读书可以成为你日常就寝时间的一部分，在宝宝睡觉前花几分钟安静快乐地和他一起读书，但是你没有必要在睡前专门留出时间去这么做。在白天你也可以留出一小段时间和宝宝安安静静地读书。刚开始你要慢慢翻书页，介绍书上的图画。你正在让宝宝形成对现实生活中物体的二维表达这个概念。读书时要从前往后、从左往右读。在读故事时，你不用担心非要严格按照书上的文本来读，以适合你和宝宝的方式来读就可以了。你会发现随着宝宝年龄的增长，他会不断地打断你并提出许多问题，他这种做法非常正常。书就应该是宝宝产生思想火花的出发点。

如何让宝宝对书感兴趣

有一些家庭认为书非常珍贵，需要小心对待。这种做法现在还不合适。目前你希望宝宝探索书籍，这就意味着宝宝有可能会撕掉一些书页或用嘴巴去啃坏一些书页。同时还意味着宝宝需要接触到书。尽量把比较贵重和珍贵的书放到宝宝够不着的书架上，但是日常用书应该放到玩具箱里，宝宝随时可以拿到它们。

利用当地的图书馆

如果你有一段时间没有去图书馆，现在你会发现那里不再强制要求孩子保持安静。现在绝大部分图书馆设置了一个区域，在那里可以允许孩子制造一些噪音，并且这个区域的书放到了方便孩子取的大箱子里，附近还有方便孩子坐的小椅子和地垫。充分利用当地的图书馆，当宝宝年龄稍大一些时，他会喜欢自己选书。他喜欢的任何一本书你都可以列在圣诞节礼物的列表上，因为宝宝总会不厌其烦地一遍又一遍地阅读他最喜欢的书。

寻找什么样的书

给宝宝准备适合放在玩具箱里的书的一个原则就是小人用小书的原则。有许多父母刚开始给宝宝准备纸板书、布书或者塑料书，这种书更经得住宝宝去咬，更经得住宝宝流的口水，并且能够清洗。这种书应该适合宝宝的年龄段，图画要简单，没有文本，即使有也很少。当宝宝慢慢长大需要真正的纸装书时，就需要带故事的书了。

感悟

你可以买到一些比较能刺激感官的书，会发出嘎嘎声，欢迎孩子用嘴去咬或者和书互动。宝宝大一些时，会变得忙忙碌碌并且容易感到无聊，这时可以把这些书吊起来，效果也不错，但是一定要确保这些书足够结实，一旦勒口坏掉的话这些书就没用了。

最初，插图和简单鲜艳的图画比文本重要得多。例如，迪克·布鲁纳创作的插图对宝宝们来说非常不错。绘画比照片要好得多，这是因为插画家能够撇掉复杂的细节，创造出更好的二维表达法。婴儿需要创建物品的类别——如果你喜欢的话，也可以称为标准形象。例如，消防车的标准形象是“又大又红，带有轮子和梯子”。而照片上的消防车很复杂，带有软水管和铁丝架子等所有额外的装备，所以照片上的消防车和简单、清晰、色彩鲜艳的消防车相比，事实上宝宝不大能够识别出前者。

电视的影响

有些父母认为孩子看电视效果应该不错，因为他们可以接触语言。虽然孩子生来需要交流，但是电视不能够教他们说话。电视上使用的语言对孩子来说过于复杂。言语治疗师建议父母要限制孩子看电视的时间，因为他们往往聚精会神于电视画面而忽视节目中使用的语言。学习说话需要积极的双向交流，这一点电视无法做到，而和宝宝一块儿读书则发挥着关键的作用。

个案研究

汉娜家里有许多色彩鲜艳的玩具，在她妈妈索翰参加的新团体那里也有很多这种玩具供她玩耍。但是汉娜最喜欢的“玩具”却是妈妈的钥匙。她喜欢摇晃钥匙，并挨个儿把钥匙放到小嘴里品味一番。索翰对此很担心，因为她知道钥匙上到处都是细菌，并且钥匙边还有点锋利，此外还有几次钥匙找不到的情况让她感到惊慌不已。

钥匙充满了吸引力是不足为奇的：它们闪闪发光，摇晃时还会发出悦耳的声音，钥匙的质地和形状各异，并且它们看起来还具有一定的社会意义。

在宝宝把一切东西都往嘴里塞之前的时期，你不大用担心消毒的问题，但是宝宝玩的玩具还是需要保持清洁，同时还要确保安全。索翰可以用以前的钥匙为汉娜做一串钥匙，要洗的很干净并且已经确认它们是安全的，她可以把这些钥匙串到特别大和结实的钥匙串上，也许还可以加上其他有趣的物品。如果是这样，假如钥匙丢了的话，索翰就不会再像原先那样着急了！

10件要记住的事情

1. 游戏在所有聪明的物种中普遍存在，是促进发育的一个重要组成部分。

2. 你的鼓励有助于宝宝喜欢玩耍和尝试。

3. 对婴儿来说，游戏主要是他们自己或和你一起探索事物，但他们也喜欢诸如“藏猫猫”之类的互动游戏。

4. 书可以帮助婴儿学习说话，但是在这个阶段要限制他看电视。

5. 当你和宝宝一遍遍地玩耍“花园里转啊转”时，注意一下宝宝有何反应：他怎样看你以让你重复你做的动作。

6. 在和宝宝玩耍时最好带有响声，发出敲击的响声或让宝宝逗乐的声音不只是闹着玩，同时它可以鼓励宝宝变得活跃起来。

7. 不要花钱买精致的大玩具。你只需买一些简单的积木和形状分类器，给宝宝收集不同的家庭用具以方便他探索。

8. 一次只拿出几种玩具或物品，并且要频繁地更换玩具。

9. 观察宝宝如何理解前因后果：事物的工作原理。

10. 地板上放一桶沙子或一桶水再加上几把勺子和杯子就可以让宝宝快快乐乐地玩上好几个小时。

第4节

性别差异

在本节你将会学到：

- 男孩和女孩的差异是否是天生的
- 男孩和女孩出生时有何不同
- 父母对男孩和女孩的反应有什么不同

我们在前面章节看到婴儿如何形成了自我感。不可思议的是，婴儿在学会说话之前，更不用说玩玩具时，他就知道自己的性别。

当你成为了父亲或母亲后，别人问你的第一个问题就是你的宝宝是男孩还是女孩，这样带有正确颜色的卡片或鲜花会铺天盖地而来——粉色或蓝色。

不管你是否迫切地想要男孩还是女孩，或者无论男女都无所谓，你不能回避的事实是，就世界上其他人而言，你的宝宝的性别是他的性格和个性中最重要的方面。

性别问题对宝宝来说也许并不是最重要的，只有上了幼儿园之后他才会有一个固定的性别身份，但是他很小时就能够发现性别差异。10个月大的婴儿会花更长的时间来看和他们自己一样性别的宝宝的图片。不管别的宝宝留着什么发型和穿着什么衣服，他们通过观察他移动的方式就能识别他是不是同一性别的宝宝。

婴儿怎样看待男人和女人

婴儿2个月大时，他就会对父母有不同的反应，当他看到爸爸时，他的肢体就会变得兴奋，手脚乱舞，希望和爸爸玩耍。

感 悟

有一位写过婴儿发育的儿科医生，他声称如果我们遮挡住自己的视线使自己只能看到一个脚趾头、手指头、一只手或一只脚，我们成年人依然能够辨认出婴儿是在与他的妈妈还是爸爸互动。

6个月大的婴儿听到陌生男性的声音比听到陌生女性的声音感到更担心。他们更喜欢看带有女性的脸的照片。在8~9个月大时，他们开始怕生，这时候他们喜欢陌生的女性而不喜欢陌生的男性。

★ *不过婴儿和爸爸如果有许多互动会对宝宝有很大的帮助。如果婴儿和他们的爸爸待在一起的时间较多，他们就不会特别怕生。*

男孩和女孩的区别

有时候看起来我们过于热衷于找出幼小的男婴和女婴之间的差别，而这时除了生殖器有明显的差别外我们几乎找不出他们之间的差别。

男孩和女孩的成长模式的确有些不同。男婴出生时的平均身高和体重要高于和重于女婴出生时的平均身高和体重，而女婴出生时通常要胖一些。如果你的宝宝是个男孩，刚开始他长得会比女孩快，但是在7个月大时，女婴的发育速度会加快，超过男婴，这种状况会持续到4岁左右。女孩的视力比男孩发育得快。4岁后男孩发育的速度快于女孩，一直持续到青春期，从青春期开始女孩发育的速度再次快于男孩，并且持续好几年。

感悟

所有的这些差距都是统计分析出来的，但是，个体会出现很大的差别。

有一位实验人员研究的是13个月大的孩子，他发现孩子们在玩耍时显示出一些性别差异，和男孩相比女孩更不情愿和她们的母亲离得太远，她们会回到母亲身旁来获得更多的安慰。如果大门处放上了障碍物，使孩子们不能够回到母亲身边，女孩往往站在那里无助地啼哭，男孩子虽然也哭，但他们会使劲试图推倒障碍物。

同时你可以注意到，在这个年龄段男孩和女孩都会选择玩具让自己使用，他们还不会假扮玩具，并且乐意选择同一类型的玩具，但是他们使用玩具的方式不同：男孩更喜欢活跃的游戏，又是敲又是跑，而女孩往往坐着玩耍。只有女孩喜欢选择可爱的玩具，而只有男孩选择锤子或除草机。

感悟

在婴儿期男孩和女孩之间的相似性大于他们的差异性，但随着年龄的增长，在玩耍的游戏类型、玩具的选择等方面他们之间的差异变得越来越明显。在宝宝开始上幼儿园时，他们之间的差别更明显。

最终，从统计层面来讲，男孩往往变得好斗，善于学习空间技能，而女孩子更擅长语言学习。在社交方面，男孩子喜欢成帮结伙地玩耍，而女孩子往往和一两位亲密的朋友玩耍。

性别差异是先天的吗

如果你把“先天与后天”的争论应用到性别差异上，这种争论会变得很激烈。我们知道男婴和女婴最初很相似，但随着年龄的增长他们之间的差别会越来越明显，他们只是由于同龄人的压力做出这样的反应，还是天生的？

男孩是否生来好斗？

你家的小男孩会不会必然成为一个爱吵闹又好斗的暴徒？很不幸，如果你有个男孩，这种情况发生的可能性更大一些。在研究过的几乎每一种文化中，从学步期开始男孩就变得比女孩好斗，不仅体现在身体上，还体现在语言上——男孩使用更多的讥讽和侮辱的话语。过去大家认为男孩是因为大人给了他们玩具枪和玩具士兵来玩耍从而让他们学会了好斗，而女孩子天生的好斗精神受到了压抑。但是，如果情况属实的话，在安全的幻想游戏中，我们预料女孩会表达出她们的被压抑的攻击性，而这样的结果并没有出现。父母往往阻止男孩和女孩的攻击性，甚至会对男孩采取更强硬的措施，所以我们并没有给孩子灌输攻击性是正常的这种想法。

★ *鼓励你的女儿尽早参加体育锻炼，带她去游泳和儿童体育馆，并意识到和她一块儿打闹的重要性。*

女孩天生就是话匣子吗？

卡通片总让我们想起一直对着一声不吭、郁郁寡欢的配偶喋喋不休的女性形象。但是，一般而言刚出生的女婴更喜欢听你说话而不是被你抱着，而新生的男婴每次总是很明确地选择你的拥抱，这种情况属实。

在1~3岁期间，女孩比男孩对人的声音或脸做出更多的反应。

她们的微笑比男孩多一倍，和大人保持目光接触的时间（这是进行谈话的一个重要组成部分）比男孩多一倍。

感悟

也许这能够解释下面这种现象：如果你有个女儿，你会发现自己倾向于经常对她讲话；如果你有个儿子，你会发现自己往往把他举起来，更多地和他嘻嘻哈哈地玩耍。

女婴比男婴牙牙学语的时间要早一些，但我们不清楚这是天生的，还是因为我们鼓励女婴多说话造成的。例如，婴儿出生后的48小时之内，母亲会频繁地朝她们的女儿微笑和说话；如果是儿子的话，她们会更多地拥抱他并嘻嘻哈哈地和他玩耍。

★ *确保你要尽量多地和你的儿子说话以此来提高他的语言技能。*

有趣的事实

我们为什么为男孩选择蓝色而为女孩选择粉色？

传统上男孩子一般穿蓝色的衣服，因为蓝色被视为一种保护色——蓝天的颜色——可以辟邪。在一些国家，家里的前门刷成蓝色也是因为这个原因。没有人知道为什么女孩要穿粉色的衣服，但是，室内设计师认为粉色是一种“缓解情绪、使人平静”的颜色，而蓝色给人带来“活力”。

你是否区别对待宝宝

- *和母亲相比父亲更容易受到宝宝性别的影响，抚摸新生儿子的次数要多于抚摸新生女儿的次数，并且特别关注第一个出生的男孩。父亲对女儿说的话往往比对儿子说的话多一倍。*
- *有一些父亲对他们的孩子的适合的行为有更固执的想法，例如，当他们的儿子想推婴儿车时他们会吓一跳，而母亲对此事看起来要轻松得多。*
- *父亲和母亲教育儿子"男孩就是男孩"的道理时，他们都会通过激励儿子更活跃更外向的方式来进行，有时甚至会阻止儿子进行交际方面的许多尝试，但是这些父母往往鼓励他们的女儿多说话。*

感悟

研究表明如果男孩的父亲比较热情和友好，而不是冷冰冰的样子，男孩以后将变得更像他的父亲。如果男孩有一位比较专横的父亲，他往往不受大家的欢迎，以后有可能出现行为方面的问题。而被母亲过分宠爱的儿子，长大后往往变得比较顺从。女孩如果小时候遭受过分或严厉的惩罚长大后也会变得比较顺从。

也许你认为你会按照你的女儿和儿子希望的方式来对待他

们，但事实上你往往按照你自己的有关性别应扮演的角色这种想法来对待他们。在一次试验中，实验人员随意给孩子穿上了适合男孩和适合女孩的衣服，有一些男孩被打扮成男孩的样子，而另外一些男孩被打扮成了女孩的样子。同样的是，有些女孩穿成了女孩的样子，而另外一些女孩则穿成了男孩的样子。然后实验人员让母亲们和一个她们从来没有见过的孩子玩耍，并告诉她们（经常是不正确地）这个孩子是男孩还是女孩。母亲们为男孩选择了锤子，而为女孩们选择了布娃娃。甚至更有趣的是，这些母亲会根据他们认为的宝宝的性别对男孩和女孩相同的行为做出不同的解释。如果男孩变得急躁不安、身体扭来扭去，她们会认为他想玩耍，而如果女孩出现了相同的行为，她们就会认为她感到不安而需要得到大人的抚慰。

感悟

当然婴儿不仅受到他们父母的影响，还受到其他很多人的影响。如果这种情况不属实的话，由单亲养大的孩子就会出现性别认同方面的问题。

男人和女人一样擅长照顾孩子，他们对孩子说话时往往像女人那样提高嗓门。有的家庭妈妈在外边工作，主要由爸爸负责照顾孩子，这样的爸爸和单身爸爸往往变得“像母亲一样”。事实上，照顾孩子的本领是一个基本没有性别差异的领域。你的学步期宝宝，不管是男孩还是女孩，都喜欢给洋娃娃喂饭、洗澡，喜欢护理洋娃娃。当男孩变得越来越大时，他们玩洋娃娃就会成为一种禁忌，但有一位研究人员让孩子倾听一个啼哭的婴儿的磁带时，他发现虽然女孩看起来更关心，但是男孩的“隐蔽的反应”——他们的血压、心跳等——和女孩表现得一模一样，因此无论男孩还是女孩都会发现啼哭的宝宝让他们感到紧张，并希望提供帮助。

个案研究

乔安娜殷切期望她的女儿梅根长大后能够成为一个独立的女孩，有许多选择自由。自从怀孕她就注意到玩具店如何把玩具模版化为女孩子玩的粉色娃娃和男孩子玩的战争玩具，她为此感到震惊。她是不是要让梅根远离这种现象？

乔安娜是对的，我们确实对孩子玩的玩具类型形成了刻板印象。但是，婴儿在早期并不会对玩具表现出喜恶，等他们年龄大一些，他们更容易屈服于同龄人的压力，他们开始选择玩具。在此期间，你要努力选择适合宝宝这个年龄段并能刺激他玩耍的玩具（参看前一节），而不是担心这些玩具是适合男孩还是适合女孩。

10件要记住的事情

1. 男孩和女孩在出生时就有差异，而且这种差异随着年龄的增长变得越来越明显。

2. 父母也会微妙地影响孩子，他们希望孩子按照人们对男孩和女孩期望的方式来做事情——父亲可能比母亲表现得更明显。

3. 女孩的视觉——空间技能可以通过形状分类器、叠加和嵌套玩具以及提升式托盘来提高。

4. 让宝宝从玩耍当前的玩具过渡到玩耍杜普乐大小块，然后再过渡到乐高积木或者麦卡诺组合玩具。

5. 帮助你儿子发展前语言技能，包括话轮转换和充满想象力的游戏。

6. 努力对宝宝讲话，并在“藏猫猫”之类的游戏中与他互动。

7. 你可以帮宝宝开发他的充满想象力的游戏，例如，为他心爱的泰迪熊举办茶会。

8. 书籍在帮助宝宝扩大词汇量方面举足轻重，但是你需要让孩子很小时就要喜欢读书——请参看前一节。

9. 你不需要为女孩购买男孩的玩具，反之亦然。

10. 利用宝宝喜欢的玩具来开发宝宝不同的技能和玩耍的方式，这样效果比较好。

BOOST YOUR BABY'S DEVELOPMENT

自测练习答案

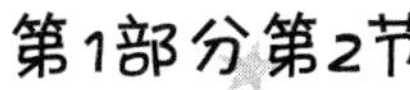

第1部分第2节

1. 一出生就会识别你的气味。

2. 触觉；婴儿没有触觉就无法活下来。

3. 甜味感受得最强烈，但是他还品尝不出咸味。

4. 也许他会张开四肢，他看起来像是在“晒日光浴”。

5. 母亲的声音通过骨传导传播的效果最好，父亲的声音比较深沉，在水中传播的效果更好。

6. 深睡眠——打盹——清醒——活跃——烦躁——哭泣。

7. 是一种按摩四肢的方式。

8. 阿普加评分测试——出生时进行。

9. 在英国体重低于或和这个数字持平的婴儿的比例。

10. 直到3周后，有一些婴儿到了四五个月大时才会流眼泪。

第1部分第3节

1. 婴儿很小时无法理解他看不到的东西仍继续存在，但一旦他掌握了这个概念后，他会特别喜欢看物品的消失和重现，因此他特别喜欢把东西扔在地上再让你捡起来的游戏。

2. 社会参照能力是心理学家使用的一个术语，用来描述宝宝仔细盯着你，想弄清楚你的感受，这样他就能够知道自己如何做出回应。

3. 皮质醇是一种压力荷尔蒙，它和你有关是因为婴儿自己无法把皮质醇水平降低到正常水平——他们需要你的帮助。

4. 瞳孔放大是一种用来吸引别人注意的非语言信号，婴儿出生后他们的瞳孔会自动放大。

5. 70分贝。

6. 和纳尔逊纪念碑一样高。

7. 心力回馈有助于婴儿培育他的情商，通过模仿并夸大宝宝的情绪状态和面部表情，你正在“给我看看我的感情”。

8. 通过嘴巴把咀嚼过的食物送到婴儿的嘴里是我们的祖先帮助婴儿吃固体食物的一种方式，有些人认为这种表达关爱的亲密行为正是接吻的由来。

9. 婴儿需要学会让自己平静下来，但在他们学会这种策略之前，他们需要你的帮助，否则他们的皮质醇水平会在很长一段时间里降不下来。

10. 所有的婴儿发育的速度都会有所不同，但一般而言，母乳喂养的婴儿刚开始体重增长快一些，然后变得瘦一些和轻一些，而奶粉喂养的婴儿在这个阶段会变得重一些。

第1部分第4节

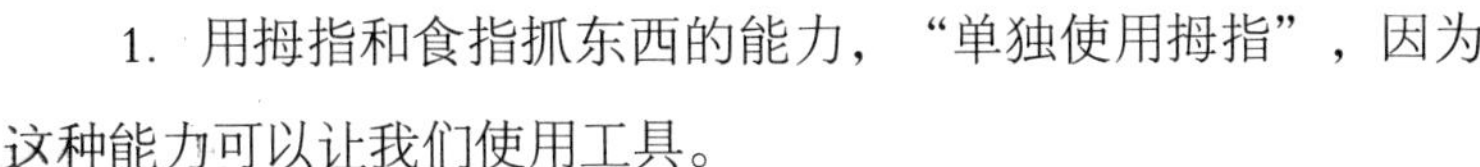

1. 用拇指和食指抓东西的能力，“单独使用拇指”，因为这种能力可以让我们使用工具。

2. 饱食信号是婴儿知道自己什么时候吃饱不再进食的一种内在信号。如果宝宝没有学会识别这种信号，日后就很有可能变得肥胖。所以让宝宝掌控食物的摄入量至关重要。

3. 联合注意力阶段是指婴儿同时可以专注于不止一样物品的阶段，因此他能够和你互动时同时看着其他物品——因此他开始能够和你交流有关事物并从你这里学习知识。

4. 教婴儿说话的最好的办法是“重塑”——给宝宝提供可选择的方式来指他刚才提到的东西。因此你需要重复宝宝说过的话，但是你还要扩大词汇范围来重新塑造或改变措辞。

5. 虽然有点儿讽刺意味，但是和陌生人在一起感到不安全的现象却告诉你宝宝和你在一起时他感到很安全，它是宝宝对你形成了安全型依恋的一种信号。

6. 当宝宝掌握了物体恒常性的概念后，他意识到你能够来也能够走，宝宝夜晚害怕的原因之一也许是他担心你不再回来。

7. 你可以试着在宝宝的鼻子上抹上一点儿口红，让他在镜子里看看他的模样，观察一下他是否摸自己的鼻子（不是去摸镜子里的红鼻子）。

8. 如果婴儿最初有机会用手势语来交流，他们语言进步的速度看起来更快。

9. 据说这起源于婴儿伸出舌头拒绝进食的行为。

10. “用手指东西不礼貌”的这种说法肯定在这个阶段不适用！宝宝指东西是告诉你他对某种东西感兴趣的一种方式，也是宝宝积累词汇量的一种非常好的方式。

第2部分第2节

1. 单卵双胞胎长得一模一样——他们来自于同一个卵子；双卵双胞胎是异卵双胞胎——并不比其他兄弟姐妹的相似度高。

2. 每250次分娩中出现的一模一样的双胞胎只有一对或者一对也没有。

3. 唯一确定的方式是验血。只有一个胎盘是一个不错的线索，但胎盘有可能溶合在一起所以只凭靠胎盘来判断并不准确。

4. 除了辅助怀孕外还有很多其他因素：频繁的性生活、家族史、母亲接近40岁等，并且你生过的孩子越多，下边的孩子是双胞胎的可能性就越大。

5. 有可能但是这种情况很少见，因为双胞胎更有可能早产。有一半的双胞胎是经过剖腹产手术生出来的，你需要和助产士讨论一下你的选择。

6. 双胞胎和多胞胎生产协会。

7. 很不幸，不是。绝大部分父母发现他们比较喜欢其中的一个，但只要你意识到这一点，你可以采取措施来弥补。

8. 同卵双胞胎看起来要比非同卵双胞胎的关系密切，但所有的双胞胎都希望和大人而不是和其他孩子形成亲密纽带。

9. 双胞胎经常努力维护自己的身份，因此给他们穿一模一样的衣服，即使看起来很可爱和实用，也许并不是个好主意。在这方面要让宝宝引导你。

10. 这是双胞胎使用的一种秘密语言。这看起来也许让你感到好玩，但是这也许是他们没有得到成年人足够的关心的一种迹象。